人工智能与智能教育丛书　　袁振国/主编

全红艳　张　倩　著

IMAGE PROCESSING TECHNOLOGY ON ARTIFICIAL INTELLIGENCE

智能图像处理

教育科学出版社

·北京·

出 版 人　郑豪杰

责任编辑　游　甜

版式设计　私书坊　沈晓萌

责任校对　马明辉

责任印制　叶小峰

图书在版编目（CIP）数据

智能图像处理 / 全红艳，张倩著.—北京：教育
科学出版社，2022.6

（人工智能与智能教育丛书 / 袁振国主编）

ISBN 978-7-5191-3125-8

Ⅰ.①智…　Ⅱ.①全…　②张…　Ⅲ.①图像处理软件
Ⅳ.①TP391.413

中国版本图书馆CIP数据核字（2022）第105804号

人工智能与智能教育丛书
智能图像处理
ZHINENG TUXIANG CHULI

出 版 发 行	教育科学出版社				
社　　　址	北京·朝阳区安慧北里安园甲9号		邮　　编	100101	
总编室电话	010-64981290		编辑部电话	010-64989433	
出版部电话	010-64989487		市场部电话	010-64989009	
传　　　真	010-64891796		网　　址	http://www.esph.com.cn	
经　　　销	各地新华书店				
制　　　作	北京思瑞博企业策划有限公司				
印　　　刷	北京联合互通彩色印刷有限公司				
开　　　本	720毫米×1020毫米　1/16		版　　次	2022年6月第1版	
印　　　张	6.75		印　　次	2022年6月第1次印刷	
字　　　数	56千		定　　价	48.00元	

丛书序言

人类已经进入智能时代。以互联网、大数据、云计算、区块链特别是人工智能为代表的新技术、新方法，正深刻改变着人类的生产方式、通信方式、交往方式和生活方式，也深刻改变着人类的教育方式、学习方式。

人类第三次教育大变革即将到来

3000 年前，学校诞生，这是人类第一次教育大变革。人类开启了有目的、有计划、有组织的文明传递历史进程，知识被有效地组织起来，文明进程大大提速。但能够接受学校教育的人数在很长时间里只占总人口数的几百分之一甚至几千分之一，古代学校教育是极为小众的精英教育。

300 年前，工业革命到来。工业化生产向每个进入社会生产过程的人提出了掌握现代科学知识的要求，也为提供这种知识的教育创造了条件，这导致以班级授课制为基础的现代教育制度诞生。这是人类第二次教育大变革。班级授课制极大地提高了教育效率，使得大规模、大众化教育得以实现。但是，这种教育也让人类付出了沉重的代价，人类教育从此走上了标准化、统一化、单一化道路，答案标准、节奏统一、内容单一，极大地限制了人的个性化和自由性发展。尽管几百年来人们进行了各种努力，力图通过学分制、选修制、弹性授课制等多种方式缓解和抵消标准化班级授课制带来的弊端，但总的说来只是杯水车薪，收效甚微。

今天，网络化、数字化特别是智能化，为实现大规模个性化教育提供了可能，为人类第三次教育大变革创造了条件。

人工智能助力实现教育个性化的关键是智适应学习技术，它通过构建揭示学科知识内在关系的知识图谱，测量和诊断学习者的已有水平，跟踪学习者的学习过程，收集和分析学习者的学习数据，形成个性化的学习画像，为学习者提供个性化的学习方案，推送最合适的学习资源和学习路径。在反复测量、推送、跟踪学习、反馈的过程中，把握学习者的最近发展区[①]，为每个人提供最适合的学习内容和学习方式，激发学习者的学习兴趣和学习热情，使学习者获得成就感、增强自信心。

智能教育将是未来十年人工智能发展的"风口"

人工智能正在加速发展。从人工智能概念的提出，到

---

① 最近发展区理论是由苏联教育家维果茨基（Lev Vygotsky）提出的儿童教育发展观。他认为学生的发展有两种水平：一种是学生的现有水平，指独立活动时所能达到的解决问题的水平；另一种是学生可能的发展水平，也就是通过教学所获得的潜力。两者之间的差异就是最近发展区。教学应着眼于学生的最近发展区，为学生提供带有难度的内容，调动学生的积极性，使其发挥潜能，超越最近发展区而达到下一发展阶段的水平。

人工智能的大规模运用，花费了50年的时间。而从深蓝（Deep Blue）到阿尔法狗（AlphaGo），再到阿尔法虎（AlphaFold），人工智能实现三步跨越只用了22年时间。

1997年5月，IBM的电脑深蓝在一场著名的人机对弈中首次击败了国际象棋大师加里·卡斯帕罗夫（Garry Kasparov），证明了人工智能在某些情况下有不弱于人脑的表现。深蓝的主要工作原理是用穷举法，列举所有可能的象棋走法，并利用为加速搜索过程专门设计的"象棋芯片"，采用并行搜索策略进一步加速，在搜索广度和速度上战胜了人类。

2016年3月，谷歌机器人阿尔法狗第一次击败职业围棋高手李世石。阿尔法狗的主要工作原理是"深度学习"。深度学习（deep learning）是一种复杂的机器学习算法，它试图模仿人脑的神经网络建立一个类似的学习策略，进行多层的人工神经网络和网络参数的训练。上一层神经网络会把大量矩阵数字作为输入，通过非线性加权和激活函数运算，输出另一个数据集合，该集合作为下一层神经网络的输入，反复迭代构成一个"深度"的神经网络结构。深度学习本质上是通过大数据训练出来的智能，其最终目标是让机器能够像人一样具有分析学习能力，能够识别文字、图像和声音等数据。

2019年谷歌的阿尔法虎可以仅根据基因"代码"来预测生成蛋白质3D形状。蛋白质是生命存在的基础，和细胞组成内容息息相关。蛋白质的功能取决于它的3D结构，通过把基因序列转化为氨基酸序列，绘制出蛋白质最终的形状，是科学家一直在研究和探讨的前沿科学问题。一旦研究得出结果，将帮助我们解开生命的奥秘。阿尔法虎的工作原理是使用数千个已知的蛋白质来训练一个深度神经网络，利用该神经网络来预测未知蛋白质结构的一些关键参数，如氨基酸对之间的距离、连接这些氨基酸的化学键及它们之间的角度等，从而发现蛋白质的 3D 结构。

深蓝是经典人工智能的一次巅峰表演，通过算法与硬件的最佳结合，将传统人工智能方法发挥到极致；阿尔法狗是新兴的深度学习技术最具成就的一次展示，是人工智能技术的一次质的飞跃；阿尔法虎则是新兴深度学习技术在应用上的一次突破，超乎想象地完成了人难以完成的蛋白质结构学习这个生命科学领域的前沿问题。从深蓝到阿尔法狗用了近 20 年时间，从阿尔法狗到阿尔法虎只用了 3 年时间。人工智能技术更新迭代的速度越来越快，人工智能应用场景也从棋类等高级智力游戏向生物医学等科学前沿转变，这将从方方面面影响甚至改变人类生活。随着人工智能从感知智能向认知智能发展，从数据驱动向知识与数据联合驱动跃进，人工智能的可信度、可解释性不断提高，应用的广度和深度无疑将会得到难以想象的拓展。

教育是人工智能应用的最重要和最激动人心的场景之一，正在成为人工智能的下一个"风口"。国家主席习近平向 2019 年在北京召开的国际人工智能与教育大会所致贺信中指出："中国高度重视人工智能对教育的深刻影响，积极推动人工智能和教育深度融合，促进教育变革创新，充分发挥人工智能优势，加快发展伴随每个人一生的教育、平等面向每个人的教育、适合每个人的教育、更加开放灵活的教育。"同年10月，中共十九届四中全会通过了《中共中央关于坚持和完善中国特色社会主义制度推进国家治理体系和治理能力现代化若干重大问题的决定》，明确提出在构建服务全民终身学习的教育体系中，应发挥网络教育和人工智能优势，创新教育和学习方式，加快发展面向每个人、适合每个人、更加开放灵活的教育体系。把握历史机遇，抢占人工智能高地，引领人类第三次教育变革，时不我待。

智能教育前景无限、任重道远

人工智能在教育场景的应用，与工业、金融、通信、交通等场景不同，与医疗、司法、娱乐等场景也有显著的不同，它作用的对象是人，是人的思想、感情、人格，因而不仅仅要提高效率、赋能教育，更要关注教育的特殊性，重塑教育。但到目前为止，人工智能在教育中的运用尚停留于教育的传统场景，是以技术为中心，是对现有教育效能的强化，对现有教育效率的提高。至于现有教育效能是否需要强化，现有教育效率是否需要提高，尚缺乏思考，更缺少技术应对。我把目前这种状态称为"人工智能＋教育"。而我们更需要的是基于促进人的发展的需要的智能教育，是以人的发展为中心，以遵循教育规律为旨归，它不仅赋能教育，更是重塑教育，是创设新的教育场景，促进教育的变革，促进人的自由的、自主的、有个性的发展，我把它称为"教育＋人工智能"。

智适应学习的研究和运用目前也尚处于知识教学的层面，与全面育人的理念和教育功能相差甚远。从知识学习拓展到能力养成、情感价值熏陶，是更大的目标和更大的挑战。研发3D智适应学习系统，即通过知识图谱、认知图谱、情感图谱的整体开发，实现知识、能力、情感态度教育的一体化，提供有温度的智能教育个性化学习服务。促进学习者快学、乐学、会学，促进学习者成长、成功、成才，是"教育＋人工智能"的出发点，也是华东师范大学上海智能教育研究院的追求目标。

培养智能素养，实现人机协同

人工智能不仅正进入各行各业，深刻改变所有行业的面貌，而且影响到我们每个人的生活；不仅为智能教育的发展创造了条件，也提出了提高教师运用智能教育技术改进教学方式的能力的要求，提出了提高全民智能素养的要求。关键的一点是学会人机协同。在智能时代，能否人机互动、人机协同，直接关系到一个人的工作效能，关系到学生学习、教师教学的效能和价值，也关系到每个人的生活能力和生活质量。对全体国民来说，提高智能素养，了解人工智能的基本原理、功能和产品使用，就如同工业革命到来以后，了解现代科学的知识一样，已成为每个公民的必备能力和基本素养。为此，我们组织编写了这套"人工智能与智能教育丛书"。

本丛书聚焦人工智能关键技术和方法，及其在教育场景应用的潜在机会与挑战，提出智能教育的未来发展路径。

为了编写这套丛书，我们组建了多学科交叉的研究团队，吸纳了计算机科学、软件工程、数据科学、心理科学、脑科学与教育科学学者共同参与和紧密结合，以人工智能关键技术为牵引，以教育场景应用为落脚点，力图系统解读人工智能关键技术的发展历史、理论基础、技术进展、伦理道德、运用场景等，分析在教育场景中的应用形式和价值。

本丛书定位于高水平科学普及，人人需看；秉持基础性、可靠性、生动性，从读者立场出发，理论联系实际，技术结合场景，力图通俗易懂、生动活泼，通过故事、案例的讲述，深入浅出、图文并茂地讲清原理、技术、应用和前景，希望人人爱看。

组织和参与这样一个跨越多学科的工程，对我们来说还是第一次尝试，由于经验和能力有限，从丛书整体策划到每一分册的写作，一定都存在许多不足甚至错误，诚恳希望读者、专家提出批评和改进建议。我们将不断更新迭代，使之不断完善。

华东师范大学上海智能教育研究院院长　袁振国

2021 年 5 月

前　　言

近年来，数字图像及多媒体技术迅猛发展。在人工智能技术驱动下，图像处理技术在各个应用领域中充分施展着技术的魅力。

本书首先回顾了图像处理技术的发展历程，介绍了图像处理技术的基础知识，包括图像的概念、图像去噪技术、图像增强技术、图像变形技术、图像合成技术、图像编码与传输技术，以及图像处理流程与图像分析。

然后，结合行业实际列举了各种技术的最新应用实例。从遥感图像出发，介绍了图像数据采集技术在"天空采样"方面的实例，以及相关技术在卫星图像处理方面的应用。从医学图像出发，阐述了在投影射线照相、计算机断层扫描成像等方面的临床应用。从人脸图像和农业图像出发，梳理了相关图像处理技术的流程。从机器视觉技术出发，探讨了人工智能在机器人领域的应用。

图像处理技术对现代教育技术的发展产生了重大的影响，丰富的图像资源促进了现代教育技术的不断提高。本书介绍了在线图像资源在在线教育中的运用，基于强人的人工智能技术的智能化教学管理方式，深受学生和家长喜爱的智能搜题功能，借助图像处理技术传递的教育信息，以及智能图像生成与可视化信息表达等方面的内容，最后对智能教育管理方面所面临的挑战及未来发展趋势进行分析和展望。

本书希望用通俗的语言、众多的实例，给教育工作者以启发。在编写过程中，我们参考了与智能图像处理技术相关的文献资料，在此谨向文献作者、编者和译者表示感谢。由于水平有限，编写过程中难免有所疏漏，敬请各位读者不吝指正，我们将不胜感激！您的反馈将成为我们进一步前行的动力。

目　　录

一　图像处理技术的发展历程

随着信息技术的发展，图像处理技术被广泛应用于地理、网络、安全、医学、媒体传播等各个领域，对于生产效率及日常生活质量的提升，都能起到重要的作用。图像主要来自两方面，一方面是通过采集设备采集获得，另一方面是通过图像处理技术合成获得。在各个领域的实际应用过程中，不同应用领域对于图像处理有不同的性能指标要求，对图像质量的需求也存在较大差异。而原始图像资源，尤其是直接利用设备采集获得的图像资源，往往不能够达到应用的要求。因此，对于图像信息的处理至关重要，图像处理技术应运而生。至今，图像处理技术已经走过了近一个世纪的发展历程，取得了众多可喜的成果，本章将对这一历程进行简要介绍。

图像处理技术的诞生

目前，图像处理技术广泛应用于航天工程、生物医药工程、现代农业经营、科学研究等生产生活的方方面面，其发展经历了一系列的过程：

● 20 世纪 20 年代，图像处理技术开始应用于报纸行业

● 20 世纪 60 年代，可以执行图像处理任务的计算机诞生

● 20 世纪 70 年代，医学领域出现计算机断层扫描技术（Computed Tomography，CT）

● 20 世纪 80 年代，图像处理技术在地理信息系统、工业检测、遥感技术等领域开始应用

● 进入人工智能时代，图像处理技术获得多方面全方位应用

那么，图像处理技术是如何诞生的呢？

我们可以借助几个重要事件来串联图像处理技术的诞生历程。

第一张图片，横跨大西洋，从伦敦传输到纽约——谈到图像处理技术的起源，要追溯到 20 世纪 20 年代。1921年，报纸行业率先使用了巴特兰电缆图像传输系统，利用电报打印机的特殊字体在编码纸带上产生数字图像，通过横跨大西洋的海底电缆，将图像从伦敦传输到纽约。虽然当时电缆传输的图像质量不是很高，甚至不涉及图像处理，

仅仅是一次图像传输，但正是这一次传输，被视为图像处理技术发展历程中里程碑式的开端。

巴特兰电缆图像传输系统首先对图像进行扫描编码，然后在接收端用特殊的打印设备重现该图像，最终完成整个图像的传输。当时一般使用 5 个灰度级来对图像编码。到了 1929 年，人们再次利用该系统对美国将军潘兴和法国元帅福熙的合影进行编码，这时，采用的图像灰度级已经增加到 15 个，如果不对图像进行压缩，传输这张图片需要的时间将超过一周，而图像压缩后传输时间减少到 3 个小时。

第一张月球表面图像，图像处理技术正式登场——20 世纪 60 年代初，第一台图像处理大型设备应用于空间项目开发，美国喷气推进实验室（Jet Propulsion Laboratory，JPL）对"徘徊者 7 号"发回的月球照片使用了图像处理技术，获得了月球的地形图、彩色图及全景镶嵌图等。图像处理技术的成功应用，为人类的登月创举奠定了坚实基础，也推动了图像处理这门学科的诞生。

第一台用于图像处理任务的大型计算机，图像处理技术进入快速发展阶段——图像处理技术从计算机硬件设备的发展中受益良多，计算机的数据存储技术、显示技术和传输技术，以及图像的编码技术都以计算机硬件作为支撑。20 世纪 60 年代出现第一台用于图像处理的大型计算机，在空间项目的研究中，这台计算机能够执行对于空间探测器采集的图像质量的改善任务，促进了图像处理技术的发展，第一次从真正意义上完成了图像处理任务。

图像处理计算机的诞生

自古以来，人们对使用的计算工具不断地进行改进，从最古老的"绳结算筹"，到后续的算盘、计算尺、差分机，以及机械计算机。计算工具经历了由低级到高级、由简单到复杂、由手动到自动的发展阶段。时至今日，计算工具依旧处于不断发展的过程中。

在电子计算机出现前，计算机的硬件发展主要经历了三个阶段，如图 1-1 所示。

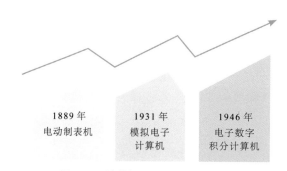

1889 年
电动制表机

1931 年
模拟电子
计算机

1946 年
电子数字
积分计算机

图 1-1　计算机硬件发展的三个主要阶段

1889 年，美国科学家赫尔曼·何乐礼研制出电动制表机，用于存储计算资料。

1931 年，美国科学家范内瓦·布什研制出"微分分析机"分析仪计算机，这是世界上首台模拟电子计算机。

1946 年，世界上第一台电子数字积分计算机（Electronic Numerical Integrator And Computer，ENIAC）在美国宾夕

法尼亚大学正式问世。这台计算机长 15.24 米，宽 9.14 米，使用了约 18000 支电子管，重约 28 吨。ENIAC 的问世，向人们宣告了计算机时代的到来，具有划时代的意义。

此后的 70 多年里，计算机的性能飞速提升：

第 1 代，电子管数字计算机（1946—1958 年）。逻辑元件采用真空电子管，存储器采用水银延迟线，它的发明为日后计算机的发展奠定了基础，起到了至关重要的作用。

第 2 代，晶体管数字计算机（1958—1964 年）。逻辑元件采用晶体管代替真空电子管，内存储器采用大量磁性材料制作而成的磁芯，外存储器则采用磁盘。其特点是体积有了一定的缩小、能耗降低、可靠性及运算速度有所提高，计算速度一般为每秒 10 万次，最高可以达到每秒 300 万次，性能有很大的提高，开始进入工业控制领域。

第 3 代，集成电路数字计算机（1964—1970 年）。硬件方面，逻辑元件采用中规模集成电路（Medium Scale Integration，MSI）、小规模集成电路（Small Scale Integration，SSI），主存储器仍采用磁芯。软件方面，出现了分时操作系统以及结构化、规模化程序设计方法。与晶体管数字计算机相比，集成电路数字计算机的体积更小，可靠性有了显著提高，价格进一步下降，产品走向了通用化、系列化和标准化，开始进入文字处理和图形图像处理领域。

第 4 代，大规模集成电路计算机（1970 年至今）。这一代计算机的特点是，随着大规模集成电路技术的发展，在硬件方面，逻辑元件采用了大规模和超大规模的集成电路，这样可以在一个芯片上容纳几百个元件，实现原部件的集成。在这一代硬件技术发展的同时，软件方面也出现了数据管理系统、网络管理系统以及面向对象的编程语言等，大规模集成电路的硬件功能以及可靠性都获得了飞跃式的提升。软件技术及硬件技术方面的飞跃，开创了微型计算机的新时代。其应用领域从最初的科学计算、过程控制、事务管理逐步拓展至人们的家庭生活，同时也为图像处理技术的发展提供了支撑。

从图像解释技术到图像的分解与重构

图像解释可以理解为计算机对图像所表达含义的认知。计算机将图像作为目标对象，依据图像内容分析手段和视觉感知的知识，理解图像中各目标间的相互关系及图像场景空间关系等。图像解释技术充分利用计算机系统及算法分析技术解释图像，实现了与人类视觉系统对外界世界理解相似的感知功能，即从图像中获取信息，分析这些信息并获得必要的解释。

人们对图像解释的探索始于20世纪60年代初，在研究的初始阶段，以计算机视觉为载体来模拟人类视觉，由图像数据来产生人类视觉中内容的描述过程。在图像解释中，对图像的研究范畴涵盖了静态图像和动态图像，主要研究内容包括图像获取、图像处理、图像分析、图像识别，通过图像解释完成对图像目标的识别。如图1-2所示，我们对它的理解为"一个小女孩在奔跑"。

图 1-2　图像解释的实例

目前图像解释技术有着广泛的应用，下面是图像解释技术应用的实例。

图像解释技术在交通管理中的应用——实时车辆跟踪系统。交通管理部门使用图像解释技术实现交通管理，通过采集和处理交通车辆图像，实现智能交通流量监测（如图 1-3 所示）。

图 1-3　图像解释技术在交通管理中的应用

20 世纪 90 年代初，图像处理技术得到了快速发展，特别是小波理论和小波变换方法的诞生，更好地实现了数字图像的分解与重构。图像分解是把原始图像分解成结构和纹理两部分，它在图像处理领域是极为重要并且具有挑战性的逆问题，有赖新技术的发展，这个问题已经得到了解决。

图像信息安全传输——通常解决信息传输安全问题的方法是对传输的信息进行加密，然后进行解密处理。目前，一种安全传输图像的方法是对传输图像进行"伪装"，即在一幅图像中隐藏需要安全传输的内容，将普通图像变为一个伪装载体。它隐藏的内容肉眼无法察觉，这就减少了被解密的可能性。图像处理中小波压缩技术的发展，使得图像信息安全传输研究有了新的进展。

图像解释技术目前可以实现模拟人类神经传导与信息传输表达，实现对图像的理解，挖掘图像的内涵。人的眼睛之所以能够高效精准地捕捉不同的信息，主要原因是具有多分辨感知的功能。多尺度（也称为多分辨率技术）是人类视觉高效、准确工作的重要特征之一。在自然场景中，包含大量的、丰富的、不同尺度的信息，在进行图像采集时，这些信息包含在图像中。

在图像处理技术的实际应用中，往往需要获取图像某一尺度或某些尺度上的信息，而其他尺度的信息则会对图像处理结果产生不同的影响。如图 1-4 所示，其中图（a）是高分辨率的图像，从中可以得到图像的细节，而图（b）是低分辨率的图像，从中可以获得图像的轮廓信息。如果不考虑分解的因素，盲目选用高分辨率图像可能会增大图像处理的难度和复杂性。例如，如果需要的仅是轮廓信息，那么图像中的细节信息是非必要的。因此，把图像信息按尺度进行分类是十分必要的。多尺度图像分解可以消除其他无用尺度信息对处理结果的影响，简化了处理的难度和复杂性，同时也是图像目标识别和边缘检测等处理过程的预处理方法之一。

(a)   (b)

图 1-4　不同分辨率的图像

除了图像的分解与重构，图像融合也是一种比较重要的技术。图像融合是将两幅或多幅图像融合在一起，以获取对同一场景的更为精确、全面、可靠的图像描述。融合算法充分利用各图像的互补信息，使融合后的图像更贴合人的视觉感受，适合进一步分析的需要；并且图像融合以后应该统一编码，压缩数据量，以利于传输。目前，图像的融合技术可分为像素级、特征级及决策级三个融合层次。

像素级图像融合，是最低层次的融合，也是后两级图像融合技术的基础。它将各原图像中对应的像素进行融合处理，保留了尽可能多的图像信息，对信息仅进行特征提取并且直接使用。也正是由于其对信息进行了最大程度的保留，使得其精度比较高，是最常用的融合方式。

像素级的图像融合方法大致可分为三大类：简单的图像融合方法、基于金字塔（如拉普拉斯塔形分解、比率塔等）分解的图像融合方法，以及基于小波变换的图像融合方法。

小波变换是图像的多尺度、多分辨率分解方法，它可以聚焦图像的任意细节，被称为"数学上的显微镜"。近年来，随着小波理论研究的发展，人们已将小波多分辨率分解应用于像素级图像融合。小波变换的固有特性使其在图像分解与重构方面具有以下优点：

信息不损失：把图像分解成平均图像和细节图像的组合，分别代表了图像的不同结构，因此容易提取原始图像的结构信息和细节信息。

快速性：小波变换在图像处理中的作用相当于傅立叶变换在函数中的作用。

真实感强：二维小波分析提供了与人类视觉系统相吻合的合成结果。

特征级图像融合是从图像中提取特征信息，然后对这些特征信息进行分析、处理与整合，从而得到融合后的图像特征。特征级图像融合先对图像信息进行压缩，然后用计算机进行分析与处理。与像素级融合相比，特征级图像融合需要的时间较少，实时处理图像的效率有所提高。不过，特征级图像融合精确度不够稳定，当需要的图像信息精确度不高时，可以采用该技术。除此之外，该技术计算速度比较快，提取图像特征作为融合信息时，会丢失一定程度的细节性特征。

决策级图像融合以认知为基础，是最高层次的图像融合技术，抽象等级也是最高的。决策级图像融合根据所提问题的具体要求，利用来自特征级图像的特征信息，根据一定的决策准则及决策可信度做出最优决策。决策级图像融合的计算量最小，对特征级图像融合所得到的特征信息有很强的依赖性，实现起来较难，对于噪声不敏感，鲁棒性强。

图像的压缩编码与传输

图像的数字化使图像信息可以高质量地传输，便于图像的检索、分析、处理和存储。但数字图像含有大量的数据，必须进行数据压缩，而数据压缩对传输介质、传输方法和存储介质又有较高的要求。由此可知，图像压缩编码的产生与发展是非常有意义的，图像压缩编码技术及传输技术推动了现代多媒体技术的迅速发展。

图像的压缩编码是在满足一定保真度的前提下，对图像数据进行的变换、压缩和编码。图像编码技术是以较少的数据量有损或无损地表示原来的像素矩阵的技术，去除了多余数据，减少了表示数字图像所需要的数据量，以利于图像的存储和传输。常见的编码图像文件格式有：PNG图像文件格式、GIF图像文件格式和JEPG图像文件格式。

目前，图像压缩编码主要应用于通信、数据发送、多媒体应用等技术环节。在电子技术和通信技术不断发展的条件下，在数字电视、高清晰度电视技术的推动下，图像压缩编码技术的应用探索日益受到关注。图像压缩编码算法的研究经历了两个主要阶段，即第一代图像压缩编码阶段和第二代图像压缩编码阶段。

● 第一代图像压缩编码阶段：

图像压缩编码算法研究起源于传统的数据压缩理论，19 世纪的莫尔斯代码是图像压缩技术的第一次尝试。

1939 年达德利（Dudley）研制了声码器，并在每个频率带内传输相应的能级，达到了较高的压缩质量，其研究与目前图像压缩技术仍有着密切的联系，具有很大的应用价值。

1952 年哈夫曼（Huffman）提出了一种编码方法，即哈夫曼编码。它是无损压缩的方法之一，在改变任何符号二进制编码引起少量密集表现方面是极佳的，具有良好的压缩性能，在图像压缩应用中占有重要地位。

● 第二代图像压缩编码阶段：

1985 年，昆特（Kunt）等人充分利用人眼视觉特性，提出了第二代图像压缩编码，克服了第一代图像压缩编码存在的压缩比小、图像复原质量不理想等问题。20 世纪 80 年代中后期，人们相继提出多个分辨率图像压缩编码方案，主要方法有子带压缩编码、金字塔压缩编码等。

1987 年，马拉特（Mallat）首次引入多尺度分析思想，统一各种小波构造方法，此后他又研究了小波变换的离散形式，为基于小波变换的图像压缩编码奠定了基础。

1988年，巴恩斯利（Barnsley）和斯隆（Sloan）提出分形图像编码压缩方法，将分形的方法运用到静态图像上，利用图像中固有的自相似性构造了一个紧缩变换。

20世纪80年代后期，小波编码多分辨率分析手段发展起来，在时域和频域上都具有分辨率，对高频分量采用逐渐精细的时域或频域步长。这种方法可以聚焦到分析对象的任意细节，适合剧烈变换的边缘，适用于分析非平稳信号。

从二维图像到三维信息重构与挖掘

机器视觉出现于20世纪50年代，起初应用于统计模式识别研究，以及二维图像分析和识别，如显微图片和航空图片的分析等。后来，基于工业自动化生产技术的需要，美国学者罗伯茨（Roberts）于20世纪60年代中期提出了多面体"积木世界"，机器视觉研究由此有了新开端。

20世纪70年代中期，麻省理工学院（Massachusetts Institute of Technology，MIT）人工智能实验室开设"机器视觉"课程，由著名学者霍恩（Horn）教授授课，吸引了国际上许多知名学者参与算法理论、系统设计的研究。马尔（Marr）教授于1973年在MIT的人工智能（AI）实验室指导博士生小组开展研究，并在1977年提出马尔视觉理论，该理论成为20世纪80年代机器视觉研究领域中重要的理论框架。

马尔教授提出三维形状模型（如图1-5所示）的概

念——物体在大脑中呈现的是其三维几何形状，这标志着机器视觉这门学科的诞生。马尔的三维形状模型，从二维图像中提取一些点、线、区域等简单基元，然后通过双目立体视觉、运动视觉等视觉模块将这些简单基元的深度进行恢复，对物体的整体几何形状给出一个简单表达。在马尔视觉理论的基础上，人们又提出了分层重建等理论，来克服深度恢复过程中的鲁棒问题。

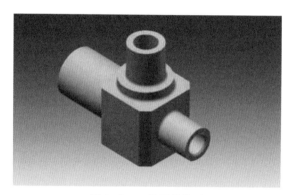

图1-5　三维形状模型

20世纪80年代后，机器视觉研究快速发展，出现了全球性研究的热潮，逐步形成了基于识别技术的物体识别理论框架，出现了以主动视觉技术以及视觉集成理论框架为主的计算机视觉研究的理论及框架，并且在二维及三维图像模型的理论及算法方面产生了一些新的成果，使得计算机视觉技术得以快速地发展。

到了20世纪90年代，机器视觉理论得到进一步飞跃式发展，很多成果在工业领域广泛应用，其技术在多视图几何的研究及应用领域中得到快速提升。

由于机器视觉是一种非接触测量方式，在实际应用中，一些在非人工作业的危险环境中进行的工作，常用机器视觉来替代人工视觉。另外，在大批量重复性工业生产过程中，用机器视觉检测方法可以大大提高生产的效率和自动化程度。

进入 21 世纪，机器视觉技术大规模地应用于各个领域。目前，机器视觉在工业产品检测、视频监控、指纹识别、智能医疗辅助诊断、移动机器人、智能交通、模拟仿真、无人驾驶、运动跟踪、智能家居中被广泛应用。按照应用的领域来划分，机器视觉可以分为工业视觉和计算机视觉两类；按照应用场景可以分为智能制造和智能生活两类，比如工业探伤、自动焊接、医学诊断等。

当前，机器视觉技术正处于不断突破和创新中，需要结合人工智能新思想，将计算机视觉与智能思想融合，大力推动智能系统的发展，拓宽各种智能机器的研究范围和应用领域。

二 图像处理技术基础

20世纪60年代，图像处理经过几十年发展已经正式成为一门学科，研究图像处理技术主要有三个目的：增强图像在人类视觉感受中的质量；突出图像中对某类任务有用的信息；提升图像数据存储或传输过程中变换和编码的效率。

你知道图像的概念吗？

　　在生活中，我们可以看到各种美丽的景象，人们通过设备将其转换成图像。事实上，图像是人类视觉的基础，它也是我们所处现实环境的客观反映。图像与图形是不同的，图形是指用点、线、符号、文字和数字等描绘事物几何特征、形态、位置及大小的一种形式，而图像是各种图形和影像的总称。图形更加侧重于对自然物象的变形和提炼，其涵盖范围比图像更大。本书所言"图像处理"中的图像，一般指数字图像，即由数码相机、摄影机等输入设备捕捉画面产生的图像。

图像作为客观世界的一种映像，所蕴含的信息量大，并且容易被人们理解。我们所称的数字图像，通常以三维整数数组形式在计算机中加以存储，三个维度分别代表数字图像的长、宽、RGB 通道[①]。如今已有许多不同方法可用于获取和生成数字图像，例如可以使用数字摄影机直接获取数字图像，也可以利用图像生成或合成技术基于已有的数字图像生成新的数字图像（黄剑，2013）。

那么，计算机如何解释图像呢？计算机不像人类能将图像在脑海中反映出来，它需要我们输入图像，并根据以往的数据来判断这幅图像中的内容，理解不同内容对象之间的关系。这要求我们事先向计算机输入大量基础数据，然后计算机才能从大量数据中提取出物体的特征。

例如，我们给计算机输入一幅图像（如图 2-1 所示），计算机通过提取特征，在已有数据库中进行检索和比对，识别出图中有花、花瓶、杯子、勺子等要素。当然，我们不希望计算机将这幅图像分类到"花"这个类别，或是"杯子"这个类别，我们希望计算机这样描述这幅图："这里有一个插满花的花瓶，在花瓶旁边有一个配有勺子的杯子。"这样，我们才能说计算机解释了图像。

---

① RGB 通道，指保存图像颜色的通道。RGB 是色彩三原色，"R"是 Red 的缩写，表示"红色"；"G"是 Green 的缩写，表示"绿色"；"B"是 Blue 的缩写，表示"蓝色"。

图 2-1　图像解释实例

如何让计算机解释图像，提升图像质量呢？这就与我们接下来要讲的图像处理技术密不可分了。

图像去噪和增强技术很神奇

电子计算机硬件性能的提升以及各种高效率算法的出现，为图像增强技术的实现奠定了坚实基础。作为图像处理的第一步，图像增强技术是图像处理常用的技术之一。图像增强技术的目的是针对给定应用场景中的图像提高图像质量。通常要完成的工作是除去图像中的噪声，使图像边缘清晰或者突出图像中的某些性质等。模型的处理方式是通过一定手段在原始图像中进行操作，根据应用场景有选择性地突出图像中有用的特征，抑制图像中无关的特征，使得经过增强后的图像更加适合应用场景。

图像去噪

图像去噪是指减少数字图像中噪声的过程。受到成像原理和物理环境的限制，数码相机和传统胶卷相机拍摄的图像会或多或少地产生噪声，进一步使用这些图像通常会要求（部分地）消除噪声，以达到美学目的。图像处理中有许多去噪算法，主要可分为传统图像去噪和深度学习去噪两类。

传统图像去噪包含利用各种滤波器实现去噪和统计学方法去噪。例如将原始图像与代表低通滤波器或平滑操作的蒙版进行卷积，这种卷积使每个像素的值与其相邻像素的值更加接近，以此达到图像去噪的效果。

深度学习去噪是目前主流的方法，得益于卷积神经网络的强大图像特征提取能力和高效的网络结构设计，深度学习去噪方法在图像去噪上的效果优于传统图像去噪方法。

如图 2-2 为图像去噪实例。

图 2-2　图像去噪实例

资料来源：TIAN C W, FEI L K, ZHENG W X, et al., 2020. Deep Learning on Image Denoising: An Overview [J]. Neural Networks, 131: 251-275.

低照度图像增强

随着多媒体技术的快速发展，各种类型的光学成像系统也越来越多，人们对成像系统的画面质量要求也越来越高，如各类监控系统、目标识别及目标跟踪系统等。由于场景不可控，成像系统的画面质量往往很难达到要求。尤其是在雾天、阴雨天、夜间等光线条件比较弱的条件下拍摄的图像，整体质量差，对比度低，细节严重丢失，可视性很难令人满意，给很多工作带来不便，很大程度上限制了此类系统的应用。例如，在夜间发生的犯罪事件，受限于画面质量，通过监控系统很难看清犯罪现场，增加了警方破案的难度。因此，低照度图像的增强是十分有意义的。

如图 2-3 为低照度图像增强的实例。

（a）　　　　　　　　　　　　（b）

图 2-3　低照度图像增强实例

传统低照度图像增强方法主要分三大类：空域法、变换域法和融合法。空域法主要包括亮度变换法、直方图均衡化法和同态滤波增强法等。现有的图像增强算法很难达到令人满意的效果，以直方图均衡化法为例，虽然能够增强结果图的对比度，亮度分布也较为均匀，但是很容易产生过度增强的现象，导致严重的色偏和细节丢失。

深度学习的低照度图像增强方法借助网络的学习能力，能够解决从极度暗或亮的图像中复原细节信息的问题。在深度学习中，通常将亮度增强作为一个利用神经网络进行图像曲线估计的任务，使用神经网络估计像素和高阶曲线，以便对给定图像进行动态范围调整，而且神经网络模型还考虑到了单像素的范围、单调性和可微性，能够迭代至高阶图像，实现了像素级别的动态调整，因此效果优于传统低照度图像增强方法。

有趣的图像变形与合成

图像变形与合成是图像处理中的常见方法，它是指按一定的规则或方法将一幅图像变为另一幅图像（张德丰，2015）。图像变形技术最早可追溯至 20 世纪 80 年代，当时人们在胶片上制作图像变形或合成等效果。自数字摄影机出现后，人们开始研究各种算法，以期在计算机中完成图像变形与合成。

传统图像变形方法有网格同态滤波算法、图像域同态滤波算法和图像点同态滤波算法等。随着近年来卷积神经网络的发展，基于卷积神经网络的图像变形与合成方法已经大幅超越了传统图像变形与合成方法。现在这种技术已经能实现"无中生有""有里消无",甚至能"偷天换日"。

图像合成技术帮你"无中生有"

生成对抗网络是一种用于图像生成的深度学习模型,它由古德费洛(Goodfellow)在2014年提出,是近年来无监督式学习最具前景的方法之一。

生成对抗网络的主要灵感来源于博弈论中零和博弈的思想,应用到深度学习神经网络上,就是通过生成网络和判别网络不断博弈,进而使生成网络学习到数据的分布。如果所学到的数据分布运用到图片生成上,则训练完成后,生成网络可以从一段随机数中生成逼真的图像。以动物图像为例,判别模型判断给定图像里的动物是猫还是狗,生成模型则会根据给定的一系列猫的图像生成新的不在数据集里的猫的图像。

生成对抗网络最常见的应用领域就是图像生成。如图2-4所示,生成对抗网络可以接收一段文字描述,然后

"The bird has a red crown that is striped and a red breast."[1]		
文本	注意力生成对抗网络	分割注意力 生成对抗网络

分割注意力
生成对抗网络(自注意力)

图2-4　生成对抗网络实现文字生成图像实例

资料来源:GOU Y C, WU Q C, LI M H, et al., 2020. SegAttnGAN: Text to Image Generation with Segmentation Attention [C]//2020 IEEE/CVF Conference on Computer Vision and Pattern Recognition. Settle: IEEE.

―――――――――――

①图示中英文译为"具有条纹状红冠、红胸的鸟"。

生成文字所描述场景的图像。

人工智能让你穿上隐身衣"有里消无"

视频补全任务是用新合成的内容填充给定的时空区域，它有很多具体应用，包括修复、视频编辑、特效处理（去除不需要的对象）、去水印以及视频稳定化等。新合成的内容应该无缝嵌入原视频中，使得更改不被察觉。

视频补全任务具有挑战性，需要确保补全后的视频在时间上是连贯的（不会闪烁），同时还要保留动态摄像机的运动和视频中复杂的物体运动。直到几年前，大多数视频补全的方法都还在使用基于补丁的合成技术。这些方法通常合成速度很慢，并且合成新内容的能力有限，因为它们只能重新混合视频中已有的补丁。

迄今为止，最成功的视频补全方法是基于流的方法，这种方法沿着流的轨迹传播颜色，合成色彩和流，以提升视频的时间连贯性，从而减轻内存占用问题并实现高分辨率输出。

使用基于流的方法获得良好结果的关键是进行准确的补全，尤其是沿着目标边缘合成高度精确的流边缘。相比之下，之前的方法都无法做到这一点，常会产生过度平滑的结果。尽管使用这种方法在背景平坦的情况下可以顺利地删除整个目标，但如果背景情况复杂一点，这种方法就会崩溃。例如，在补全静态屏幕空间掩码时，经常发生现有方法难以很好地补全部分可见动态对象的情况。通过显式地补全流边缘来改进流补全，再使用已经过补全的流边缘来指导流补全，可以生成具有精确边缘的分段平滑流。

图像合成技术给照片中的人换衣服，实现"偷天换日"

随着电子商务的蓬勃发展，现在人们只需要登录电商平台即可浏览到成千上万种不同款式的衣服。但新的问题随之而来——网上购物不能像逛商场一样随时试穿，如果动动鼠标就能够让网上的衣服"穿"到自己身上，看看效果如何，那该多好啊！幸运的是，最新的图像合成技术已经能帮助我们完成这个心愿。如图 2-5 所示，我们仅需要提供一张自己的照片（a）和衣服照片（b），就能够看到衣服"穿"到自己身上的效果。

（a）　　　　　　（b）　　　　　　（c）

图 2-5　虚拟合成实例

资料来源：YANG H, ZHANG R, GUO X, et al., 2020. Towards Photo-Realistic Virtual Try-On by Adaptively Generating ↔ Preserving Image Content [EB/OL]. [2021-01-05].http://ieeexplore. ieee. org/document/9156594.

这项技术主要可分为三个部分：检测、检索和处理。由于同一个模特在同一姿势下穿着不同衣服的数据集较难获得，常见做法是，将人物图片的监督信息减弱，再将与人物身上相同的平铺的衣服正面大图"穿"在这个处理过后的人物表达上。将图片的监督信息减弱（防止过强的参考使得图像处理无法泛化到不同的衣服上，也无法提取关键点来以模糊形状等作为一个人物的表达），再重构原来的图像。

这种方法缺点在于生成细节丢失较大，无法处理人物肢体与衣服有交叉的情况。例如，手挡在了衣服前、姿势较为复杂等，往往使得生成的图像丢失肢体细节（如手指图像模糊）。这给面向真实场景的虚拟换装系统的应用带来极大的隐患与阻力，毕竟用户在使用这套系统的时候，姿势是各种各样的。为了解决这一问题，可以使用语义分割来代替原有的衣服之外无关人物的表达，使用一种二阶差分约束去稳定目标衣服的变形过程，利用随机的遮罩模板产生躯干被遮挡的 RGB 图像，然后使用融合网络对换装后的图像进行补全。利用语义模板之间的组合，可以在最大程度上保留原来的正确语义模板。

神奇的风格迁移

试想一下，如果你是凡·高，你会画出和《星空》风格类似但又不一样的作品吗？一位优秀的画家如果想完成这项任务，可能需要一双灵巧的手。而今天我们不需要拥有这样一双手，只需借助图像合成技术就可以画出具有凡·高作品风格的图像。如图 2-6 所示，神经风格迁移技术可以学习不同图像的风格，将学习到的风格应用到其他图像上。

在神经网络中，随着网络深度的增加，卷积核关注的内容越来越抽象。从一开始的点、线、纹理，到后面卷积层里关注的车轮、人脸等。人们发现，只要深度神经网络足够"深"，就能识别出图像的抽象概念，也就是在神经网络深处的卷积核学会了输入图像的"风格"，这个风格可以被用来生成新的图像。其基本思想是分别从内容图像和风格图像中提取内容和风格特征，并将这两个特征重新组合成为目标图像，之后，依据生成图像与内容图像和风格图像之间的差异，在线迭代重建目标图像。

图 2-6 风格迁移实例

资料来源：CHEN D, YUAN L, LIAO J, et al., 2008. Stereoscopic Neural Style Transfer [EB/OL]. [2021-01-05]. http://ieeexplore. ieee. org/document/8578794.

内容损失函数可定义为两者通过神经网络提取的特征之间的欧式距离。风格损失函数可定义为两者通过神经网络提取的特征之间的格拉姆矩阵的欧氏距离。通过迭代优化的参数并不只是模型中卷积里的参数，内容图像加上噪声后的输入图像 X 变量也会相应更新。通过内容损失函数

与风格损失函数对 X 求导来直接优化像素，从而改变原始图像，最终获得风格迁移后的图像。

图像是怎样编码与传输的？

图像编码

图像编码也称图像压缩，是指在满足一定质量（信噪比的要求或主观评价得分）的条件下，对图像进行变换、编码和压缩，以较少字节数表示图像或图像中所包含信息的技术。

我们可以用不同的灰度级来表示图像的每个像素，然后在计算机中进行编码，使用"0"和"1"的二进制字符串来进行图像存储和传输等。图像编码的目的就是用尽可能少的字节去表示图像，使图像的信息得以保存。

一般图像由很多像素点构成，像素点是图像显示的基本单位，例如，通常我们说的图片的分辨率大小是 1920×1080，意思就是此图片长度为 1920 个像素点，宽度为 1080 个像素点，乘积就是像素值。每个像素点都有颜色，通过 RGB 三色表示，每种色的取值从 0 到 255，占用 8 比特，共占用 24 比特。

图像编码的过程是将图像送入编码器，编码器将图像分割为许多区块，各区块分为 8×8（64）的点阵列，然后进行 Z 字形描述和离散余弦变换（Discrete Cosine Transform，DCT），将 64 个亮度（或色度）取样数值变换为 64 个 DCT 系数，再对 64 个系数值分别进行相应的量化，经量化处理后进行可见光通信技术（Visible Light Communication，VLC）处理，即得到了代表一个区块数据的最短的数码。

图像传输

大数据的时代，数据量陡增，无论是图像的传输还是存储，都需要进行必要的压缩编码，其目的就是减少图像数据中的一些冗余信息，用更加高效的格式进行图像存储和数据传输。

图像传输是以一定的要求进行信源和信道处理，将编码好的数据通过网络协议加以传输，实时地传送或存储图像信息的过程。

一方面，图像的传输要保证实时或者及时地传送或存储图像，需要占用一定的带宽和传输信道。比如，我们在开展在线教育时就需要保证画面的清晰和流畅，确保准确、高效地传输图像或者视频。另一方面，图像在传输过程中需要压缩编码。通过对图像压缩编码能够极大地节省带宽，保证速率，也可以保证图像在传输过程中的准确率与安全性，减少信息丢失和干扰。

随着图像处理技术的不断发展，图像的压缩传输技术也得到了充分的发展，出现了多项图像视频压缩标准。例如，MJPEG、MPEG-1、MPEG-2、MPEG-4、WMV-HD、H.26X 等。

下面简单介绍一下这几种标准。

● MJPEG：一种视频编码的格式，译为"技术即运动静止图像（或逐帧）压缩技术"。MJPEG能够完整地压缩视频中的每一帧画面，并且在编辑的过程中随机存储，从而进行精确到帧的编辑。

● MPEG-1：动态图像专家组（MPEG）于1990年发布了第一个视频和音频有损压缩标准即MPEG-1，1992年年底正式被批准为国际标准。以前家庭中常见的VCD采用的就是MPEG-1标准的编码，其编码速率很高。但随着编码速率的提高，其解码后的图像质量会相应降低。该标准是一个面向家庭的电视质量级的视频、音频压缩标准。

● MPEG-2：1994年，MPEG发布了MPEG-2标准，可用于广播、有线电视网、电缆网络，可提供广播级的数字视频，被指定为DVD的标准。MPEG-2的图像质量更好，但同时也带来占用带宽变大的问题，通常占用带宽在4—15M。该标准不太适于远程传输。

● MPEG-4：2003年，MPEG-4标准发布，主要用于电视广播、网络流以及视频通话，可以利用相对较窄的带宽进行数据压缩和传输。与MPEG-1和MPEG-2相比，MPEG-4可以利用各种各样的多媒体技术对图像、语音进行合成。

● WMV-HD：在性能上，WMV-HD的数据压缩率高于MPEG-2，它是微软公司开发的一种视频压缩格式，在桌面系统中得到迅速普及。WMV-HD具有较高的压缩率，需要相对较高的CPU运算能力来进行解码。

MPEG隶属于国际标准化组织（ISO），与此同时，国际电信联盟电信标准化部门（ITU-T）也下设了类似的组织——视频编码专家组（VCEG）。MPEG 和 VCEG 制定了一系列编码标准，包括 H.261、H.262、H.263、H.264、H.265 等，我们一般将这个系列记为 H.26X。以下介绍几种编码标准。

● H.261：速率为 64kbps 的整数倍，在实时编码时比 MPEG 所占用的 CPU 运算量少得多。

● H.263：在 H.261 基础上进行了改进，支持 SQCIF、4CIF 和 16CIF 格式，具有可扩展性；支持增强视频技术，可以在易误码、易丢包异构网络环境下支持多速率及多分辨率的信息传输。

● H.264：最大的优势在于显著提高了数据压缩码率，在相同的图像质量条件下，能够比 MPEG-4 等其他编码标准节省大约 50% 的编码速率，这就意味着在相同编码速率的条件下，H.264 编码可以拥有更高的编码质量。

● H.265：随着 4K 技术的不断普及，基带视频编码速率大幅度提高，2010 年，VCEG 和 MPEG 组建了视频编码联合工作组 JCT-VC，并于 2013 年发布了高效率视频编码（HEVC），也称为 H.265。该标准在 H.264 基础上，改进了编码速率、编码质量，进一步优化了压缩编码的性能，已经成为主流的 4K 超高清视频编码标准。H.265 包括帧内预测、帧间预测、转换、量化、去区块滤波器、熵编码等模块，可以 1—2Mbps 的传输速度传送分辨率为 1280×720 的高清音视频。该标准支持的最高分辨率可以达到 8192×4320。（刘小卉，2021）

正是有了图像传输与压缩技术的不断发展，我们在进行在线教育时才能保证流畅、清晰、同步、实时的画面传输。图像传输和编码为在线教育等领域提供了基础性的技术支撑，是在线教育不可缺少的基石。

图像加密传输

图像在人们的生活中发挥着越来越重要的作用，大量的图片、视频在互联网中传输，便利了我们的工作与生活，但也容易造成个人隐私的泄露。所以，画面传输的安全性保证也是在线教育领域一个必不可少的部分。

图像加密传输技术就是在图像传输过程中，对图像进行加密，从而保证其安全性。图像加密的原理即通过一些算法将可识别的图像信息进行重构，形成类噪声的图像，使加密后的图像不包含原始图像的任何有用信息。图像加密两种常见的操作形式是混淆和扩散。混淆就是将图像矩阵中像素值的位置进行变换和重新排列；扩散则是指对原始图像中一个像素值进行细微的改变，使整幅图像的像素值发生巨大变化。

图像加密传输技术利用某些特定的编码技术以及隐藏技术，把要保护的图像数据进行映射，然后转换成其他人无法识别的一种"伪图像"数据，通过这种处理来确保图像能够安全地到达目的地。信息的目标接收者收到加密后的图像数据后，可以利用相应的解密算法对接收到的图像进行解密，进而获取真正的原始图像信息。

图像处理流程与图像分析

图像处理流程

图像处理流程包括图像数据获得、图像预处理、图像分割、目标类别与定位等多种技术。

图像数据获得就是对原始图像的采集，即利用各种设备，如数码相机、摄影机拍摄照片，或者是卫星航拍图片等。

图像预处理就是通过对图像进行翻转、旋转等一系列操作，使图像数据增强。由于我们获得的图像数据各不相同，要想对其进行规范化处理，必须重新调整其分辨率大小，这就涉及图像的缩小和放大，我们也将其称为图像预处理。

图像分割就是通过对图像进行二值化处理，提取图像中每个物体的信息，例如常见的颜色、纹理和形状等信息，利用这些信息来判别它们是否属于同一种类型，将物体与背景分割开来。如图 2-7 为图像分割的实例。

图 2-7　图像分割实例

资料来源：ZHAO H S, SHI J P, QI X J, et al., 2017. Pyramid Scene Parsing Network [EB/OL]. [2021-01-05]. http://ieeexplore.ieee.org/document/8100143.

目标类别与定位就是利用分类对图像中的不同类别进行区别。这一过程利用特征提取器，提取对象的特征，判断它的类型。例如，计算机获得了动物的毛发以及尾巴等特征信息，再判断它的轮廓，最后把它归类为猫类。这些特征都是利用当前最先进的深度卷积网络对大量数据进行运算提取出来的，卷积网络在识别了几亿张猫的照片后，获取了它们的相似特征，从而生成这个分类器。

目标的定位就是利用图像之间的位置关系，对图像进行处理。

图像分析

图像分析就是利用数学模型，结合相应的图像处理技术来对图像的特征结构进行分析，从而提取出相关的信息。图像分析一般可以分为四个过程：

● 生成：在图像采集设备中输入图像，或者在计算机中生成图像。

● 分解：将图像的内容以及纹理信息进行分解，比如图像的前景和背景。

● 识别：对图像中的物体进行识别并分类，比如猫、狗、道路等。

● 解释：充分表达出图像中各部分内容的关联以及语义，如形状、纹理变化以及具体内容。

图像分析作为图像处理的一项关键技术，重在从海量图像数据中挖掘出隐含的、潜在的、规律性的知识，并加以充分、合理利用。

　　图像数据挖掘是图像分析的重要基础，它可以用来探究海量数据图像中隐含的知识、内容、相关关系等。图像数据挖掘技术整合了数据挖掘和图像处理技术，采用的主要技术包括计算机视觉、图像检索、图像分类、神经网络、模式识别、知识构建等。

　　随着科技的进步，图像数据挖掘开始应用于医学研究领域，目前医院中有多种人体信息采集设备，比如超声波成像、核磁共振成像（Nuclear Magnetic Resonance Imaging，NMRI）、计算机断层扫描等。这些成像技术能够反映出人体内的病变或者受损区域，属于相对来说安全可靠的医疗诊断技术。在数据资源管理和存储技术的支持下，收集、存储和管理病人的医学影像也变得更加简单。

　　很多时候，对患者的疾病诊断都是主治医生通过多年的临床经验做出的，但是不同的医生在面对同一个病例的医学影像时可能会采用不同的诊治手段。我们可以将医生的临床经验看作是处理医学影像的"知识"，医生只有在阅读、比对和分析了大量的病例后才能得到相应的"知识"。但医生的临床经验是相对有限的，不同医生的学习水平也存在差异，所以如果我们能够借助智能医学图像处理技术，让计算机去学习丰富的医学影像资源，通过对海量数据的分析，给医生提供具有指导意义的建议的话，那么对于人类健康来说，是具有重大意义的。

　　例如，一个患者的 CT 影像会包含很多属性特征，如颜色、纹理、形状轮廓，这些丰富的特征信息有利于科学研究人员对该病人的病症进行分析，进一步挖掘病症特征，更加高效准确地帮助医生进行诊断，从而推动医学知识的挖掘和积累。比如，肝纤维化是指肝细胞发生坏死或受到炎症刺激时，肝脏内纤维结缔组织异常增生的病理过程，这时，肝脏实质密度呈现不均匀改变，通过 CT 图像，可以看到纤维化的肝脏边缘特征的改变以及肝脏表面的颜色特征，规律性的图像特征信息可以提高诊断的准确率。

遥感图像信息的挖掘也是图像挖掘的一个分支。基于遥感图像的资料库拥有海量的特征信息，分析遥感图像并且发掘其重要的知识内涵成为一个富有挑战性的领域。挖掘遥感图像信息对军事、农林、生态治理等领域具有重要的指导意义。

在生态治理领域，研究人员通过遥感图像分析土地覆盖变化、森林覆盖变化，基于大量的遥感图像数据来探索环境的演化规律。在地球和环境领域，一方面，研究人员通过遥感图像从空间整体的角度来观察地球的变化，这是人类个体无法通过自身条件观察到的。另一方面，研究人员通过连续采集观测地球环境在时序上的变化，进而挖掘出对保护人类家园有意义的信息。

三 智能图像处理应用无处不在

将强大的图像处理技术应用到我们生活中的方方面面，可以造福我们的生活，给生活提供便利。

天空采样——遥感图像

智能图像处理相关技术在天空采样方面有着广泛的应用，特别是在遥感领域。遥感（Remote Sensing）是指非接触的、远距离的探测技术。它通过遥感器这类对电磁波敏感的仪器，在远离目标和非接触目标物体条件下探测目标地物，获取其反射、辐射或散射的电磁波信息（如电场、磁场、电磁波、地震波等信息），并对信息进行提取、判定、加工处理、分析与应用。

遥感图像分类是利用计算机对遥感图像中各类地物的光谱信息和空间信息进行分析，选择特征，将图像中各个像元按照某种规则或算法划分不同的类别，从而实现图像分类。根据成像方式、传感器种类、成像高度等维度，可以将遥感图像分为以下几个类别。

高分辨率遥感图像是对遥感数据的质量要求很高的图像，其特征是地形分辨度高，可捕获观测场景的详细空间结构、纹理等信息。通过高分辨率遥感图像可实现对复杂观测场景的准确解译、小尺寸地物目标的准确定位等（孙昊，2021）。

高分辨率遥感图像应用广泛，对国家土地利用调查、城市规划、军事监测等方面有着重要作用。在军事上，高分辨率遥感图像有着比普通遥感图像更丰富的信息，对打击目标的识别起到很大的作用。目前我国的高分辨率遥感专项工程已拥有多颗用于拍摄高分辨率遥感图像的卫星，分辨率可达到几十厘米，在国际上处于领先地位。

在城市规划方面，利用高分辨率遥感图像，能够快速、准确地提取地物目标信息。相较于采用人工调查方法获取图像，高分辨率遥感图像成本更低、效率更高，解决了因城市快速发展、地物变化频繁，而产生的基础地理信息数据库数据更新不及时等问题。高分辨率遥感图像自动提取地物目标信息的技术在服务城市发展规划、数字化城市建设、地理信息更新等方面有着重要意义和实际应用价值。

高光谱图像（Hyperspectral Image）指的是光谱分辨率间隔在 $10^{-2}\lambda$ 数量级范围内的连续光谱图像。高光谱图像通常通过成像光谱仪获得，成像光谱仪不仅能够捕捉到无线波谱中可见光波区域的电磁波，还能捕捉到紫外、红外区域的电磁波，其感知能力远超人类。同时用几百个连续且细分的电磁波谱对某个地表区域成像，即可获得该区域的高光谱图像。

高光谱图像的应用十分广泛，由于不同地物对不同波长的电磁波有着不同的反射率，因此利用高光谱图像能识别所拍摄图像的地物组成。例如，地质学家可利用石油的光谱"指纹"勘探油田。

微波遥感图像由合成孔径雷达探测获得。合成孔径雷达是一种高分辨率成像雷达，可以在能见度极低的气象条件下得到类似光学照相的高分辨率图像。利用雷达与目标的相对运动，把尺寸较小的真实天线孔径用数据处理的方法合成为较大的等效天线孔径的雷达，也称综合孔径雷达。将合成孔径雷达应用到遥感领域即可获取微波遥感图像，如由麦哲伦号合成孔径雷达拍摄的金星表面图像（如图 3-1 所示）。合成孔径雷达具有分辨率高、穿透能力强的特点，在民用与军事领域有着广泛应用。

图 3-1　由麦哲伦号合成孔径雷达拍摄的金星表面图像
资料来源：美国国家航空航天局

遥感卫星在天空进行采样，获取很多高清晰度的照片；得益于智能图像处理领域的相关技术，我们可以从照片中提取出诸多的信息。借助这些信息，我们可以对地震、泥石流、洪涝等自然灾害进行预估，对桥梁、高速公路、铁路等大型工程进行设计，这些都需要图像处理技术。数以万计的高清图像，光靠人的眼睛是无法进行有效处理的；利用图像处理技术，能够让计算机在很短的时间内对海量的图像进行自动分析，帮助使用者提取出大量的有用信息。

遥感应用——卫星图像处理

随着时代的进步，数字地图越来越受到人们的重视，而地球的变化也日益成为人们的关注点，因此，合理利用卫星图像处理，进行数字地图绘制是非常重要的。根据卫星传送回地球的图像对地球的变化进行信息的存储和整理，能够实时观测地球的变化，也可以保证数字地图的精确性和及时性。因此，只有保证卫星图像处理方式使用正确，才能够确保数字地图绘制合理科学（彭菲菲，2017）。

卫星图像处理是用计算机对遥感图像进行分析，以达到所需结果的技术。卫星图像处理方法在地图制图中的应用，为地图制图人员提供了更加准确的数据信息，有效地弥补了传统地图制图中的不足。除此之外，卫星图像处理还在 3D 数字城市建设、城市决策信息提供和天气预报等日常生活领域起到重要作用。

模拟 3D 数字城市建设（如图 3-2 所示）就是利用虚拟现实、地理信息系统、遥感等技术进行城市级的三维可视化，构建城市三维地理信息系统、城市三维仿真系统等，这是当前中国数字城市建设的一个热点。

图 3-2　模拟 3D 数字城市建设示例

资料来源：数字城市规划平台 [EB/OL].http://www.vrp3d.com/article/html/Vrplatform_16.html

城市是人们居住和生活的基本场所，利用遥感技术及时准确地掌握居民的空间分布信息具有极其重要的作用，可以为城市的扩展及相关研究提供基础的信息。对城市的具体情况实时监控，能够快速对突发情况做出决策。

天气预报也应用了卫星图像处理技术。气象卫星携带的成像仪通过在不同谱段测量辐射数据，将其转换成不同色调的图像就可以得到卫星图像。常见的卫星图像包括卫星云图和水汽图，前者主要反映大气中云系的分布，后者主要反映大气中水汽的分布。

除此之外，卫星图像处理还可应用于分类和特定的地物提取等特定场景。

遥感图像还可以进行去云去雾处理。光学遥感卫星图像通常受云雾的影响较为严重，常表现为：厚云（云下地表反射信息被完全覆盖）、薄云（云下有少量的地表反射信息）。我们通常使用霾优化变换（Haze Optimized Transformation, HOT）算法处理图像中的云雾现象。HOT算法基本原理为云雾随波段变小时对影像的影响逐渐递增，利用RGB等多波段之间的相关性，获取代表云雾信息的HOT图像，并在此基础上进一步做优化处理（偏暗、高亮目标），HOT算法对薄云消除的效果较好。

卫星图像处理还涉及对物体的分类，如计算机对遥感图像分类的依据是遥感图像像素的相似度，常使用距离和相关系数来衡量相似度。常见的分类方法可分为监督分类和非监督分类两类。其中，监督分类是根据给定的数据和标签进行运算，在已知类别的情况下对数据进行分类并调整参数。

卫星图像处理对城市管理尤为重要，特定的地物提取信息能帮助我们判断城市中的一些目标，为城市管理提供方便。我们可以按照以下步骤进行特定的地物提取。首先，我们需要建立解译标志，其目的是识别图像的地物信息，帮助解译人员了解实际地物和图像对应地物之间的关系，便于操作人员准确识别地物，制订相应的提取方法和精度评价标准。然后，我们需要对提取的地物信息进行数据统计，了解地物之间的规律及内在联系，提取特征并对遥感图像中的特征数据进行统计。

提取过程一般如下：第一，根据分类模型将所有物体分类。例如，我们对一个城市的用地情况进行分类，可以分为水体、建设用地、植被和裸露土壤等。第二，根据地物的类型，考察它们的光谱反射曲线，根据光谱的反射率来进行分类。第三，对于一些光谱类型相似的地物，采用其他的方法进行提取，例如采用对建筑物敏感的短波红外波段。第四，根据各个波段上典型地物的数据分布情况，选择一些比较明显的图像特征来统计典型地物在这些图像特征上的离散性。

至于提取的方法，首先是计算波段的纹理熵，使用自动阈值分割的方法大致提取明显地物类别，使初步结果中含有其他地物信息。然后是计算归一化植被指数（NDVI 指数），利用近红外波段和地形坡度特征，分别进行自动阈值分割，得到波段低的地物信息。最后，使用简单逻辑代数运算去除初步结果中的干扰地物，经过处理后得到最终结果。

临床应用——生物医学图像及其图像处理

生物医学工程是结合物理、化学、数学和计算机与工程学原理，从事生物学、医学、行为学或卫生学的研究，用于疾病预防、诊断、治疗，以及病人康复、卫生状况改善等（董秀珍，2004）。从工程学角度看，生物医学工程是在多层次上研究生物体，特别是人体的结构、功能和其他生命现象，研究用于防病、治病、人体功能辅助及卫生保健的人工材料、制品、装置和系统的工程原理的学科。它在国际上作为一个学科出现，始于 20 世纪 50 年代。在我国，生物医学工程作为一个专门学科起步于 20 世纪 70 年代。

医学图像及分类

医学图像处理是指为了医疗或医学研究，对人体或人体某部分，以非侵入方式取得内部组织影像的技术与处理过程（邓玉林，2007）。医学图像常被用于临床诊断和医学研究，根据其数据生成方式，可分为 X 射线类图像、超声波类图像、核磁共振类图像以及显影剂显影类图像等，其中 X 射线类图像根据扫描方式又可分为 X 射线直接成像和计算机断层扫描成像。

射线图像是一种使用 X 射线、γ 射线或类似的电离辐射和非电离辐射来观察对象内部形态的成像技术。放射线照相的应用包括医学放射线照相（诊断和治疗）和工业放射线照相。机场安全检测中使用了类似的技术，如"人体扫描仪"通常使用反向散射线。

为了在常规放射线照相中创建图像，X 射线发生器会产生 X 射线束并向物体投射，物体根据自身的密度和结构组成，吸收一定量的 X 射线或其他辐射。穿过物体的 X 射线被检测器（胶片或数字检测器）捕获。通过这种技术生成的平面二维图像称为投影射线图像（如图 3-3 所示）。

计算机断层扫描是利用 X 射线成像的一种技术，它对人体同一部位的不同层次进行 X 射线扫描，获得多张不同层次的人体部位横断面图像，经过计算机进一步处理即可获得重建后的图像。这项技术于 20 世纪 70 年代开

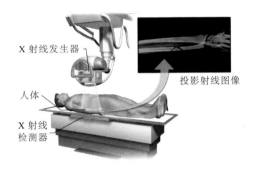

图 3-3　使用 X 射线发生器和检测器采集投影射线图像

始被公众使用，其图像密度分辨率比普通射线图像高，能帮助医生发现微小的病变部位，有效提升临床诊断的准确率。由于这一贡献，计算机断层扫描技术的发明人亨斯菲尔德（Hounsfield）获得了 1979 年的诺贝尔奖（周翔平，2008）。

　　使用计算机断层扫描技术生成的图像，如图 3-4 所示。

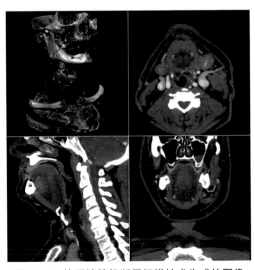

图 3-4　使用计算机断层扫描技术生成的图像

在计算机断层扫描中，X 射线源及其关联的检测器会围绕着被检对象旋转并连续发射 X 射线束。在不同的时间，会有多条光束从不同方向穿过对象的任何给定点。整理与这些光束的衰减有关的信息并进行计算，在三个平面（轴向、冠状和矢状）中生成二维图像，再进一步对其进行处理以生成三维图像。图 3-5 显示了人体头部的计算机断层扫描结果，呈现的是连续的横截面。

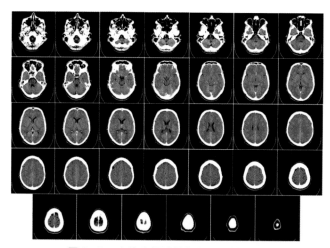

图 3-5　人体头部计算机断层扫描结果

核磁共振成像是利用核磁共振原理发明的成像技术。核磁共振是一种物理现象，它能使不同的原子核发射出不同频率和波长的电磁波。由于人体不同组织对电磁波吸收率不同，通过外加梯度磁场检测人体发射出的电磁波，经电脑处理后就可以获知人体内的原子核的位置和种类，根据这些信息可以绘制出人体内部的精确立体图像（乔梁 等，2009）。图 3-6 为人体腹部冠状切面核磁共振图像。

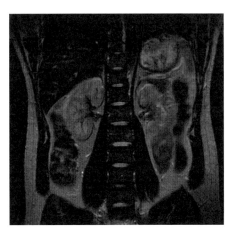

图 3-6　人体腹部冠状切面核磁共振图像

　　超声波成像使用兆赫兹范围内的高频宽带声波，根据声波被组织反射的不同程度，生成三维图像。相较于射线成像等方式，超声波成像对人体影响较小，因此常用于观察孕妇体内胎儿情况（如图 3-7 所示）。超声波成像的用途非常广泛，其中重要用途包括对腹部器官、心脏、乳房、

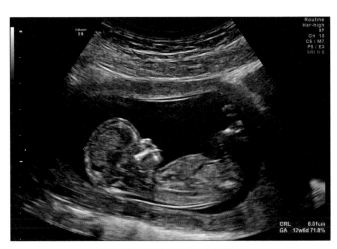

图 3-7　胎儿超声波成像结果

肌肉、肌腱、动脉和静脉等成像。尽管它提供的解剖学细节比计算机断层扫描或核磁共振成像等技术少，但其在许多情况下都是理想的选择（周翔平，2008）。

血管造影是 X 射线成像的一种应用。利用显影剂吸收 X 光的特点，把显影剂注入血液中，使其沿着血管流动，由于注入了显影剂的血液在血管中对 X 光吸收率比较高，因此在 X 射线照射下能清晰分辨出血管通道分布的情况。血管造影可以是静止的，也可以是动态的。如果在注入显影剂后的不同时间内拍摄 X 射线图像，就能看到含有显影剂的血液在血管中的流动顺序以及扩散情况，进而了解血管的分布和变化（周翔平，2008）。血管造影技术能够帮助医生准确发现一些疾病，例如肿瘤以及视网膜血管病变等。图 3-8 是血管造影技术应用于手掌血管的图像。

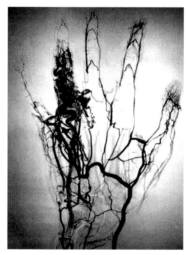

图 3-8　应用于手掌血管的血管造影

医学图像处理

医学图像处理作为当下智能图像处理领域一个很重要的方向，也是近年来医学技术发展最快的领域之一。

医学图像处理技术包括很多方面，主要有医学图像分割、医学图像配准以及医学图像分析等技术。

医学图像分割：将医学图像中具有特殊含义的不同区域分开来，如图 3-9 所示，使每个区域都满足区域的一致性。

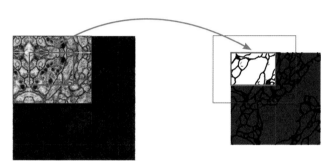

图 3-9　医学图像分割实例

上图中，医学图像分割技术将人体细胞组织中的纹理边界分割开来。除此之外，该技术还能够应用于医学诊断，如运用相关的技术将人体舌头从患者拍的诊断照片中标记出来，然后再进行后续的智能诊断，辅助医生确定治疗方案。

医学图像分割技术经过发展，已经从传统的基于数学建模的方式发展到了基于深度学习的方式，在分割精度、分割效率等方面都有大幅度提升。

医学图像配准：将一幅图像的坐标转换到另一幅图像中，使两幅图像中的相应位置得以匹配，从而获得配准图像。如图 3-10 为医学图像配准的实例。

图像配准是公认的难度较大的图像处理技术，也是决定医学图像融合技术发展的关键技术，近年来取得了不错的进展。

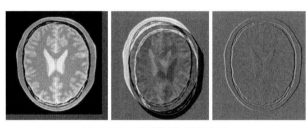

图 3-10　医学图像配准实例

医学图像分析：在做医学图像分析时，经常要将同一患者的几幅医学图像放在一起分析，从而得到该患者的多方面的综合信息。

对多幅医学图像进行分析时，首先要解决这几幅图像的严格对齐问题，这就是我们所说的图像的配准。如前所述，医学图像配准是指对于一幅医学图像寻求一种（或一系列）空间变换，使它与另一幅医学图像上的对应点达到空间上的一致。这种一致是指人体上的同一解剖点在两张匹配图像上有相同的空间位置。配准的结果应使两幅图像上所有的解剖点，或至少是所有具有诊断意义的解剖点及手术关注的解剖点都达到匹配。

身份识别——人脸图像处理

身份识别，通常也叫作人像识别、面部识别，它是基于人的脸部特征信息进行身份识别的一种生物识别技术。这种技术利用摄像机或摄像头采集含有人脸的图像或视频流，并自动在图像中检测和跟踪人脸，进而对检测到的人脸进行面部识别。

人脸识别技术的研究始于20世纪60年代，80年代后随着计算机技术和光学成像技术的发展得到极大提高，而真正进入初级应用阶段则是在90年代后期，以美国、德国和日本的技术实现为主。人脸识别系统成功的关键在于尖端的核心算法，使识别结果具有实用化的识别率和识别速度。它集成了人工智能、机器识别、机器学习、模型理论、专家系统、视频图像处理等多种专业技术，同时结合中间值处理的理论与实践，成为生物特征识别的最新应用。人脸识别核心技术的发展，展现了弱人工智能向强人工智能的转化。人脸识别系统主要包括四个组成部分，分别为人脸图像采集及检测、人脸图像预处理、人脸图像特征提取以及人脸图像匹配与识别。

人脸图像采集及检测：不同的人脸图像都能通过摄像头采集，比如静态图像、动态图像，不同位置、不同表情等方面都可以得到很好的采集。当用户在采集设备的拍摄范围内时，采集设备会自动搜索并拍摄用户的人脸图像。

人脸检测在实际中主要用于人脸识别的预处理，即在图像中准确标定出人脸的位置和大小。人脸图像中包含的模式特征十分丰富，如直方图特征、颜色特征、模板特征、结构特征等。人脸检测就是把其中有用的信息提取出来，并利用这些特征实现人脸检测。

主流的人脸检测方法基于以上特征采用 Adaboost 算法，该算法是一种分类方法，它把一些比较弱的分类方法组合在一起，使组合后的分类方法性能更强。

人脸检测过程中使用 Adaboost 算法挑选出一些最能代表人脸的矩形特征（弱分类器），按照加权投票的方式将弱分类器组合为一个强分类器，再将通过训练得到的若干强分类器串联成一个级联结构的层叠分类器，从而有效地提高分类器的检测速度。

人脸图像预处理：对于人脸的图像预处理是基于人脸检测结果，对图像进行处理并最终服务于特征提取的过程。系统获取的原始图像由于受到各种条件的限制和随机干扰，往往不能直接使用，必须在图像处理的早期阶段进行灰度校正、噪声过滤等图像预处理。对于人脸图像而言，其预处理过程主要包括人脸图像的光线补偿、灰度变换、直方图均衡化和归一化、几何校正、滤波以及锐化等。

人脸图像特征提取：人脸识别系统可使用的特征通常分为视觉特征、像素统计特征、人脸图像变换系数特征、人脸图像代数特征等。人脸图像特征提取也称人脸表征，是针对人脸的某些特征进行的信息获取，也是对人脸进行特征建模的过程。

提取的方法归纳起来分为两大类：一种是基于知识的表征方法；另一种是基于代数特征或统计学习的表征方法。基于知识的表征方法主要是根据人脸器官的形状描述以及它们之间的距离特性来获得有助于人脸分类的特征数据，其特征分量通常包括特征点间的欧氏距离、曲率和角度等。

人脸由眼睛、鼻子、嘴巴、下巴等局部构成，对这些局部和它们之间结构关系的几何描述，可作为识别人脸的重要特征，这些特征被称为几何特征。利用现有知识来对人脸特征进行表示的方法主要包含两种，分别是利用几何特征进行表示和利用模板进行匹配。

人脸图像匹配与识别：人脸图像匹配与识别是基于人的脸部特征信息进行身份匹配和识别的一种技术。因为人脸图像易受到摄像环境的影响，所以需要对图像进行缩放、旋转、光线补偿等操作，帮助修正图像。将修正后的数字化人脸图像与数据库中存储的数据进行匹配识别，即可完成人脸图像匹配与识别。

现在越来越多的公司研究图像识别的算法，并将其运用到现实生活中，如门禁人脸识别、手机解锁等，无不是利用了先进的人脸图像处理技术。这些技术的应用给我们的生活提供了极大的便利，如员工在上班时，通过人脸识别就可以进行打卡，不再需要人工记考勤，节省了人力和物力。在安全方面，相关技术也给我们带来了帮助，如新冠肺炎疫情期间，人们为了防止疫情扩散，保护自己和他人的健康，纷纷佩戴了口罩，然而这却给通过"刷脸"来识别身份带来了困难，最终研究人员通过改进人脸识别技术解决了这个难题。

人们佩戴口罩时，口罩遮挡了大部分的面部特征，人脸的特征信息无法被完全获取。这一度是人脸识别领域一个公认的难题，主要困难集中在以下几点。首先，人脸识别算法主要依据人脸面部特征进行身份判定，佩戴口罩会使鼻子、嘴巴、下巴等用于识别的脸部特征大量丢失。其次，当前人脸识别算法使用的深度学习技术依赖海量的训练数据，但在短期内收集大量佩戴口罩的照片并进行人工标注，几乎是不可能完成的任务。再次，人脸识别系统一般包含人脸检测、跟踪、活体检测、识别等多个模块，佩戴口罩对系统中的每个模块都是严峻考验。

但是，有了人脸图像识别技术，这些都不再是问题。如图3-11所示，通过训练模型，对人脸的特征进行提取，可以得到具有丰富面部语义信息的人脸特征表示，并基于此进行口罩遮挡判断。人们将人脸识别和特征识别的强大功能应用在日常生活中，大大提高了工作效率和生活质量。

原图　　　　　　　　　　　　　　算法合成图

图3-11　合成口罩图片

农业应用——农业图像处理

在农业领域，农作物生长状况的监测、农作物成熟度的判别、农作物的品质评价与分级、田间杂草处理和虫害识别、采摘机器人等众多方面，都离不开图像处理技术。

● 果蔬采摘

一家农业机器人科技公司研发的苹果采摘机器人首先通过传感器获取苹果树的数字图像，然后利用机器学习算法对图像中的苹果是否成熟进行判定，最后再利用机器人本身装载的真空系统来采摘成熟的苹果。该机器人的机械臂可以达到3—4米高度，能够轻松到达苹果树的顶端；通过自动化控制技术和图像识别技术，大大提高了采摘苹果这一任务的工作效率。它可以在不破坏苹果树和苹果的前提下达到一秒一个的采摘速度，极大地降低了果农的时间成本和人工成本。

● 农作物选种

随着人们生活水平的不断提高，农业技术水平进一步提升，人们对粮食的需求已经从数量转向品质。农作物品质的保障不仅需要借助专家经验，优选优育农作物品种，也需要大力发展各类农作物检测技术，通过计算机技术科学高效地将农作物按品种、品质自动分类和分级，为科研、技术推广、生产管理、流通和加工等产业环节提供质量信息，向农业部门和农民科学推荐优质作物品种。

农作物选种重点关注籽粒的颜色、粒形等外观特征，与前文提到的在身份识别领域使用图像处理技术的流程相似，籽粒图像处理流程包括图像获取、图像预处理、特征参数提取和分类四个步骤。具体来看，首先，通过计算机视觉硬件系统获取籽粒图像，同时考虑光源、相机位置、焦距、分辨率等因素对图像的影响。因为近红外波段能够更好地反映农作物籽粒的一些品质特性，许多研究者也采用多光谱或近红外方法进行籽粒成像。其次，图像预处理运用图像增强、图像分割等技术进行，籽粒的自然图像一般需要经过背景分割、去噪等预处理工作。再次，对特征参数进行提取，可以从颜色特征（如 RGB 值等）、形态特征（如周长、面积、体积、长轴、短轴、质心、长宽比、欧拉数等）、纹理特征三个方面入手。最后，在完成前三个步骤的基础上，运用分类技术，在一定程度上将农作物按品种和品质区别开来。农作物选种外观特征图像处理具体流程如图 3-12 所示（杨蜀泰，2011）。

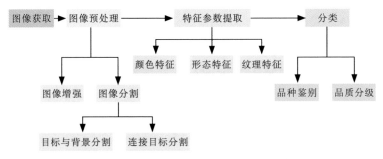

图 3-12　农作物选种外观特征图像处理流程

机器人的眼睛——机器视觉应用

机器视觉不同于计算机视觉，它不仅需要让机器通过视觉"看"到信息，还要对这些信息进行处理，依靠一整套硬件和一系列算法让机器获得相关视觉信息并加以理解。

机器视觉的应用主要有以下几方面：

为机器人的动作控制提供视觉反馈。除了某些传感器外，机器人对于外界环境的感知主要依靠的还是视觉信息。机器视觉系统会给机器人提供运动规划所需要的信息，帮助指导和控制机器人的工作。

移动式机器人视觉导航。这种场景下机器人视觉的功能是利用视觉信息跟踪路径，检测障碍物以及识别路标或环境，以确定机器人所在方位。

视觉检验。在某些检测行业，机器视觉相比人类视觉来说结果更加准确。例如对于某些运动非常快的物体，人类无法准确地看清目标的运动过程，而机器采集图像的频率可以达到微秒级。

波士顿动力（Boston Dynamics）公司是机器人领域领先的龙头企业，它发布过一系列令人印象深刻的机器人。波士顿动力公司成立于1992年，是从麻省理工学院分离出来的，真正让这家公司声名远扬的是它在2005年发布的一款机器人——机器狗（BigDog，如图3-13所示）。

BigDog使用的是液压驱动引擎，它可以像狗一样奔跑和行走，同时由于采用像动物一样的四肢和关节，它在身负重物的情况下仍能灵活行走，并且可以对外力干扰做出快速反应，始终保持躯体的平衡稳定。

图 3-13　BigDog 运动示意图

无人驾驶——图像分析应用

无人驾驶汽车是智能汽车的一种，它可以看作移动机器人在交通领域的一大应用。它集合了无线通信、传感器、自动控制和视觉处理等技术，根据车载硬件设备获取信息，对道路状况和交通信号做出分析和判断，并根据控制系统做出控制，实现无须人类干预的自动驾驶功能。

2013 年，美国国家公路交通安全管理局（National Highway Traffic Safety Administration，NHTSA）发布了汽车自动化的 5 级标准，将自动驾驶功能分为 5 个级别，即 0—4 级，以应对汽车主动安全技术的爆发式增长。

0 级：无自动驾驶。完全由驾驶员掌控，汽车不会自动调整速度，加速或减速需要驾驶员操作。

1 级：驾驶员操控为主。只有单一功能，驾驶员无法做到手和脚同时不操控。比如，自适应巡航、应急刹车辅助、车道保持等都是比较常见的自动化功能。

2级：驾驶员和汽车可以分享控制权。驾驶员在某些预设环境下可以不操控汽车，即手脚同时离开控制。但驾驶员仍需待命，对驾驶安全负责，并随时准备在短时间内接管汽车控制权。比如，自适应巡航和车道保持相结合形成的跟车功能。

3级：解放驾驶员。汽车自动驾驶可以完全负责整个车辆的操控，但是当遇到紧急情况时，驾驶员仍需要在某些时候接管汽车，提供足够的预警时间。比如，车辆即将进入维修路段时，需要驾驶员来接管。但驾驶员不再对行车安全负责，不必监视道路状况。

4级：无人驾驶。驾驶员仅向汽车输入起点和终点信息，就可全程交由汽车完成驾驶操作，驾驶过程完全不依赖驾驶员。

在2018年之前，达到2级水平的自动驾驶汽车只存在于一些高端品牌的豪华车型中，而我国在2018年实现了2级自动驾驶汽车量产。0—2级，汽车驾驶任务主要由人来操作完成；而从3级开始，更多任务是由系统来完成的，人只需要在系统无法应对的复杂情况下接管驾驶任务即可。3级是自动驾驶汽车的一个分界点，从3级开始，汽车驾驶从人转向系统。

㈣ 现代教育需要智能图像处理技术

随着现代信息技术的快速发展，教育信息化成为当今中国教育改革和发展的重要组成部分。丰富的多媒体资源提供了图像获取的渠道，对教育管理、教学以及新世纪人才培养都起到了促进作用。

在线图像资源

近年来，在线教育快速发展，特别是抗击新冠肺炎疫情期间，在线教育行业按下了发展的快进键。

2019年9月，教育部等十一部门联合印发《关于促进在线教育健康发展的指导意见》，从国家层面对在线教育提出要求，旨在促进在线教育规范、有序地发展。据统计，截至2020年3月，我国在线教育用户规模达4.23亿。这种基于互联网技术的网络学习方式日益被大众所接受，得到普遍使用。

除了信息科技及互联网技术外，图像处理技术也是在线教育不可或缺的技术基石之一。从在线教育的含义来看，它是以网络为介质、以图像视频为载体的新型教学方式，通过网络信息的传输，借助以数字图像、视频为主的知识传输形式，使得学生与教师在相隔较远的异地也可以开展教学活动，进行学习交流。

丰富的图像资源有利于在线教育的发展

目前，教育资源建设已经成为教学中的一项重要工作，也是新时代推进教育现代化的必然要求。在合理分配教育资源、促进教育高质量发展等方面中，图像处理发挥着越来越重要的作用。图像作为一种重要的可视化信息载体，也是一种不可缺少的信息资源，是在线教育的重要组成部分。丰富的图像信息为教师教学和教育管理提供了有益素材和资源。

图像处理技术是在线教育的支撑技术，在对图像进行处理前，教师首先要合理获取教学需要使用的图像。以下是比较常用的图像资源网站示例。

● 百度图片搜索网站

百度图片搜索网站提供了图像资源的搜索功能，帮助用户从互联网中找到相应的图像资源。

该网站能够从数十亿中文网页中提取出用户所需图片（如图 4-1 所示）。截至 2021 年，百度图片搜索引擎可检索的图像资源数量已有近亿张，既可以从中文新闻网页中实时提取新闻图片，也可以根据图像大小和格式进行高级搜索，实现"以图搜图"的功能。

图 4-1　百度图片搜索界面

通过搜索引擎来进行图像检索，可以在丰富的图像资源中找到自己想要的图像。对于教育工作者来说，快速有效地提取图像信息已成为一种迫切的需要，比如在备课期间，为了让学生能够直观地理解知识，使得课程内容更加生动形象并且富有趣味，往往需要在海量的互联网图像数据中寻找合适的图像资源。这时，具有图像检索功能的搜索引擎就起到了助力作用。

例如，物理老师在讲解磁感线概念时，就可以通过图片搜索，获得有关磁感线的图示（如图 4-2 所示）。准确、清晰的图像有利于加深学生对知识的理解，提高教师教学质量。

● Unsplash 图像资源网站

Unsplash 是目前世界上最人的照片摄影网站之一（如图 4-3 所示），全世界有几十万摄影师参与其中，贡献了数百万张高清优质的摄影作品。Unsplash创立于2013年5月，2015年其下载量达到3000万次，其图像资源以实物为主且分辨率高，可作为教师备课资源使用。

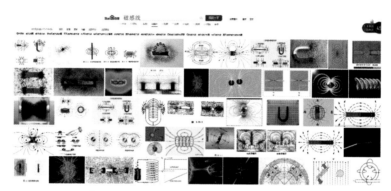

图4-2　在百度网站搜索磁感线图像的结果

图4-3　Unsplash图像搜索界面

图像处理技术是现代教育管理的基石

当前有众多引擎能够提供高效快速的图像检索服务，这些搜索引擎背后的图像检索技术起到了支撑作用。

图像检索，是指通过搜索图像的某些特征，包括文本以及内容，在海量的互联网数据中为用户提供与图像相关的检索服务的技术，也是搜索引擎的一种细分。图像检索可通过输入与图像名称或内容相似的关键字来进行检索，或者通过上传与搜索结果相似的图像或图像统一资源定位系统（URL）进行搜索。简单来说，图像检索就是拿待识别图像，去海量的图库中找到和待识别图像最相近的图像。

早期的图像检索技术都是基于文本的，需要通过输入图像的名称去搜索对应的图像，这种方式需要给大量图像事先命名，工作量巨大且对检索人的要求高。随着技术进步，渐渐出现了基于内容的图像检索技术，其中较早出现的有哈希算法、词袋模型等。以词袋模型为例，一幅完整的图像相当于一个袋子，而袋子中的词语则相当于图像的局部特征。先对图像提取视觉词语，这些词语即代表局部特征，再根据用这些局部特征训练出来图像的聚类中心，训练聚类中心的过程即相当于按照类别把文档的词语归为不同的类。在图像检索过程中，对袋子中的词语进行检索，即可以找到对应的特征，进而找到相似的图像。

目前深度学习技术也越来越多地应用于图像检索。不同于人为识别和提取特征，深度学习通过神经网络对图像的特征进行识别和提取，与已经过测练的图像集进行匹配，找出相近的图像。

智能教学管理

在一系列人工智能技术的支持下，教学管理手段更加智能化，管理效率得到提高。智能图像处理技术作为人工智能的一项重要支撑技术，在教学管理层面具有广泛的应用，智慧教室就是一个典型的教学管理案例。通过智慧教室，我们能够对教学管理实施智能化控制，提升信息化管理水平。

一方面，智能图像处理应用于教育行业，从需求分析到产品落地，形成了许许多多的智能教学管理方案，极大地提升了教学管理的安全性、智能性和效能。另一方面，由此产生的大量数据也为进一步提高教学水平提供了数据支持。

智能跟踪摄像机是一种内置智能图像分析技术的图像采集设备，可以实现对课堂画面的智能捕捉，并且能够对人进行表情识别、姿态估计等，进而为课堂督导提供丰富的数据。基于深度学习的图像处理与计算机视觉技术可以对学生的课堂表现进行筛查、分析、评估，可以为家长、教师提供学生的成长数据，还可以对课堂上学生的行为进行统计分析，对学生举手、书写、起立、听讲、趴桌子等行为进行捕捉，也可以结合面部表情分析出学生在课堂上的状态。

例如，当学生在课堂上出现趴桌子、闲聊等情况时，这些行为将被智能跟踪摄像机捕捉，并且生成数据进行分析，从而实现更高层次的教学水平分析，为教师进一步改善教育方式提供参考。

针对学校教学管理中学生旷课以及教师上课迟到、私下调换课等问题，可以通过考勤摄像机，以无感知的方式准确考核每一个学生的课堂出勤状况。还可以在教室前端摄像机内置入人脸识别算法模块，将实际上课科目与排课系统进行比对，助力学校的学风、教风建设。

目前，学校的教学管理大多是教师对学生一对多或者说少数对多数的模式，也就是说，有一个或者数个教师来管理和教导多个学生，这往往会带来教师时间分配不足等问题。在课上，教师需要及时了解学生对知识的掌握程度，在课下，学生们也希望教师能够对自己的学习进行及时的指导，但是由于教师的资源以及教师本身的精力和时间有限，这些诉求往往很难实现。图像处理技术的发展，使得学生可以充分利用网络媒体资源，通过图像搜索得到学习上的帮助。

智能搜题功能

智能搜题功能是用户利用手机拍照采集图像并上传，在互联网或者资源库中搜索到相应的题目以及解答，如图4-4所示。这种应用使学生能够很方便地找到作业疑难问题的解答，受到了广大学生和家长的喜爱。对于学生而言，遇到自己不会的题目或掌握不牢固的知识点，可以拿出手机拍照搜题，找到答案。一方面，学生可以借此摆脱教师不在身边，家长也无力进行辅导的困境；另一方面，该功能的外延还可以帮助学生强化知识点，学会举一反三。有些应用软件还针对学生的问题提供了名校名师答疑解惑的选项，一定程度上可以缓解教育资源不平衡的矛盾。而对于家长而言，智能搜题功能能够帮助他们解决由于自身知识水平有限无法辅导孩子的问题，同时也可以为经济条件有限的家庭解决部分问题。

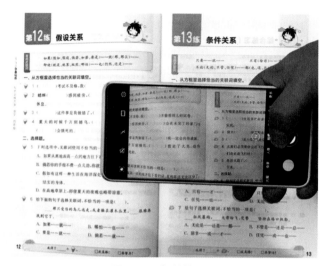

图 4-4　智能搜题

智能搜题功能主要有两种技术实现方式：

第一种是图像检索技术。相应软件的资源题库中拥有大量按照相同方式存储的题目，当软件处理某一个用户拍摄上传的解题需求时，算法通过计算用户上传图像的特征，对图像中的关键部分进行特征提取，通过搜索排序，从题库中找到对应的最具相似特征的图像，该图像即为用户所搜索的题目。这种技术实现方式背后的原理是基于图像特征的智能化处理技术以及图片特征的匹配检索技术，其流程如图 4-5 所示。

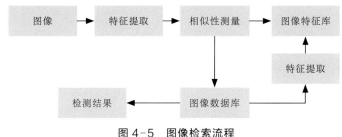

图 4-5　图像检索流程

第二种是基于深度学习的光学字符识别技术（Optical Character Recognition,OCR）。OCR 指的是利用电子设备，如扫描仪或数码相机，检查纸上的字符，通过检测暗、亮的模式确定其形状，而后利用字符识别方法将形状翻译成文字描述的过程。通俗地讲，就是针对印刷体字符，采用光学方式，将纸质文档中的文字转换为黑白点阵的图像文件，并通过识别软件将图像中的文字转换成文本格式，供文字处理软件进行加工的一项技术。

OCR 技术已经运用到我们生活的方方面面，例如，车牌号识别、身份证号码识别等，但是传统的 OCR 技术受用户采集图像的复杂度比如光照、清晰度、噪声等因素的干扰，导致识别搜索效果达不到要求。基于深度学习的 OCR 方法能够大大地提高检测识别的准确率。该过程主要包括以下几个步骤：

图像输入及预处理：首先，针对不同格式的图像输入，进行必要的预处理。预处理过程主要是为了剔除掉一些冗余特征。其次，进行噪声去除，对附着的会影响后续识别的噪声进行必要的过滤处理。最后，进行倾斜校正，因为用户在拍照的过程中，可能受到拍摄技术、环境等因素的影响，导致照片的角度不利于最终的识别，所以需要校正。

版面分析：直观来讲，这一步就是对图片中的文本进行逐段落、逐行切分。

字符切割：将图片按照行和列进行划分，则切割后的字符就变成了单独的一个字。

字符识别：通过深度学习，进行文字的识别。

版面恢复：对识别后的文字，保持段落、行列及文字间的相对位置不变。

如图4-6为利用OCR技术自动识别文字的实例。

图像以及图像处理的出现标志着现代人知识获取方式的改进和认知水平的提升。图像处理技术对于教育的重要意义在于，可以让学生通过丰富多彩的图像获得知识和信息，进而提高对世界的认知和学习。事实表明，将形式多样的图像融入教学当中，能够极大地激发学生的学习兴趣，提高学生的认知水平。可以说，图像对教育发展具有积极的作用，也是推动教育发展的重要动力之一。

智能图像处理技术的发展，进一步强化了图像在教育

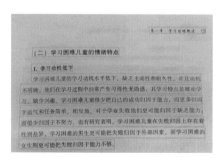

图4-6　利用OCR技术自动识别文字实例

领域的积极作用。智能图像教学具有信息量大、交互性强、现场感强的特点，并且容易识记、便于举例，可以活跃课堂教学气氛，能够给教学注入全新的活力。

智能图像处理技术能够自动识别汉字、颜色、动植物等，能够给孩子们带来交互式的体验乐趣。

教育信息传递

图像处理技术能够为教育领域带来非常多的便利，在日常教学环境中，采用图像处理技术，能够使抽象的知识概念更加形象化，能够帮助教师更好地进行图片素材的展示，加深学生对于知识概念的理解。

例如，教师在网络上查找获得的图像，可能由于尺寸过小而不利于在课堂上展示，这时教师便可以利用图像处理中的插值技术对图像进行简单的缩放。同样，对于一些可能由于年代久远等原因而模糊不清，影响到展示效果的图像，教师也可以采用降噪、偏色纠正等手段进行简单的处理，使模糊不清的图像变得相对清晰，从而更好地进行展示。

在历史课教学中，教师可以利用图片处理软件，将不同的图像素材（如数码照片）合成为一张图像，向学生讲解历史的进程，实现对事物内在原理和发展过程的直观展示。在信息技术课教学中，教师可以采用文字配合图像的形式，向学生直观地展示计算机的发展历史，使知识点形象化，易于记忆。

虚拟现实（Virtual Reality，VR）技术，又称灵境技术，是 20 世纪发展起来的一项全新的实用技术。VR 技术融计算机、电子信息、仿真技术于一体，其基本实现方式是计算机模拟虚拟环境从而给人以环境沉浸感。随着社会生产力和科学技术的不断发展，各行各业对 VR 技术的需求日益旺盛，VR 技术取得了巨大进步，并逐步成为一个新的科学技术领域。

例如，在物理课教学中，伽利略斜面实验是学习牛顿第一定律的基础。该实验基于理想化的推理，需要调用学生的逻辑思维和空间想象能力，所以部分学生理解起来会有困难。而教师通过 VR 技术来设计和建造虚拟的三维实验室场景，充分考虑实验器材的真实性和直观性，最大可能还原理想的实验环境，可以帮助学生直观了解实验的原理，掌握力和运动之间的关系，从而为后续学习牛顿第一定律打下基础。VR 技术的运用可以大大提高学生的学习兴趣，改善课堂学习氛围，建立以学生为主体的新型教学模式。

增强现实（Augmented Reality，AR）技术，又称扩增现实技术，是促使真实世界信息和虚拟世界信息内容叠加在一起，从而使不同信息在同一个画面以及空间中同时存在的崭新技术。1997 年，阿祖马（Azuma）提出了 AR 的定义，被广泛承认。与 VR 技术试图把用户完全带入模拟虚拟世界不同，AR 技术把虚拟世界中的虚拟信息带入真实的现实场景中，将声音、感觉、触觉、嗅觉和味觉等内容融合起来，提供给用户生动真实的感官效果。

例如，在地理课教学中，等高线地形图的判读是地理学习的重难点，对于山脊和山谷的判读，让很多学生非常苦恼，其主要原因是学生很难理解课本上的平面图，不能与立体的地形建立联系。而 AR 技术能够将等高线地形图进行三维建模，再通过相应的设备进行可视化操作，从而使学生非常直观生动地理解知识。AR 技术使得原本抽象复杂的知识点变得通俗易懂，能够全方位地剖析知识要点，通过交互式操作，让学生一看就懂、一学就会。比如打开或者关闭标尺，高亮山峰、山脊的部分等。这样不仅能够激发学生的兴趣，还能促进学生对知识的掌握。

近年来，随着 AR 技术的不断发展，兴起了很多智能化的产业，智能化 AR 课堂就是其中之一，学生只需将手机或平板电脑等电子设备的摄像头对准场景，在屏幕上就会出现虚拟的立体化动画，并且学生还能与其互动，这样给学习增添了不少的趣味。

AR 技术可以与实践教学融合，让学生在真实的场景中直观地看到虚拟的实验器材，进行整个实验的设计、操作、观察、总结等。利用 AR 技术为学生建设一个安全的实验教学环境，能够让学生主动地去探索、去研究学习内容，从而更深刻地理解和掌握知识。

另外，在课堂中，很多课程需要准备相关教具，特别是小学科学课程，十分注重学生的动手能力和探索能力，希望通过实践操作培养学生的科学素养。AR 技术能够虚拟再现世界万物，如宇宙科学中的星球、生命科学中的各种微小细菌、物理实验中的实验器材、化学实验中的微观现象等，让学生能够在课堂上进行观摩学习。

智能图像生成与可视化信息表达

我们的时代已经是数据的时代，我们无时不在产生数据，在面对海量数据的时候，我们不禁思考，如何能够更加直观高效地对这些抽象繁杂的数据进行理解分析。数据可视化，就是一个关于数据的视觉表达形式的科学研究领域，主要指利用图像生成、图像处理、计算机视觉、用户交互设计等技术，对数据进行可视化的解释。

教育大数据的可视化指的是对内涵丰富的教育图像资源进行恰当的表征与展示，是目前最热门的科学研究方向之一。采用大数据的可视化信息表达方法，能够更加生动形象地对教育中的数据内容及相互之间的关联进行表达，使得抽象的、不易于理解的、枯燥的原理知识变得具象与生动，这被称为知识的可视化过程。比如在对病毒传播范围进行说明讲解时，可以在世界地图上进行伪彩色处理，从而直观地表示每个地区感染的严重程度。

我们可以将知识的可视化概括为采用构建图像的手段，对复杂的知识信息进行建构和传达，以促进知识的传输以及人们对于知识的正确理解、记忆和应用。这种表达手段通常采用信息图形、数据、知识等可视化表现形式，以图像设计与认知学科为基础。其主要意义在于运用形象化的手段，将不易于理解的抽象信息进行直观形象的表现与传达。

● 因果图

因果图，也称为鱼骨图，是一种发现问题原因的分析方法，能够简洁实用地对可能的原因及产生的后果进行罗列表达，如图4-7所示。鱼骨图包括整理问题型鱼骨图、原因型鱼骨图以及对策型鱼骨图三类。以第一类整理问题型鱼骨图为例，其整体框架类似于鱼骨的结构，通常"鱼头"部分可以用来标记问题，在鱼骨上长出的鱼刺旁，可以按照出现的概率大小，顺次罗列产生问题的可能原因。通过这种形式，能够层次分明、条理清楚地对问题及影响因素进行形象性的表达。

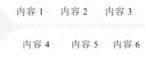

图4-7　鱼骨图举例

● 概念图

概念图，是一种知识与知识之间关系的网络图形化表征，也是对思维过程的一种可视化表征，如图4-8所示。概念图采用节点表示概念，用节点之间的连线表示各个概念之间的关系，各个节点上的文字描述用于对概念进行阐

图4-8　概念图举例

述或者对图像进行说明。在教育行业，教师通常会使用概念图来传达一些复杂的概念，实现高效率的沟通。

● 思维导图

思维导图，采用一个关键词作为中央节点，其他节点分别用于表示由关键词引起的想法，其他节点与中央节点之间以辐射线的形式连接。相比概念图，思维导图采用了更多的图像色彩元素，能够表达概念之间的关系顺序，强调放射性思考的过程，如图 4-9 所示。

图 4-9　思维导图举例

在信息技术条件下，知识可视化作为学习工具，改变了人们的认知方式，在教育中的应用日渐广泛，效果备受瞩目。不同于视觉表达，语言表达通常具有"碎片化"的特征，在人们进行语义传达的过程中，一个知识点常常需要若干句话的描述才能够进行合适的表达。然后学习者通过自身的信息整合，建立起对于信息的整体理解。相比之下，视觉表达具有强烈的整体性，并且对于关系的表达直观简洁，更利于大脑对于复杂信息的加工与理解。

我们可以以讲解计算机领域与其他领域之间的关系为例，说明两种表达方式的差异。图 4-10 展示了计算机科学、数学和统计学、领域 / 业务知识之间的关系。通过语言的表达，图中的内容可以被描述为：数据科学应用了计算机科学、数学和统计学、领域/业务知识三个领域的知识；机器学习应用了计算机科学、数学和统计学两个领域知识；软件开发应用了计算机科学、领域/业务知识两个领域的知识；传统研究则应用了数学和统计学、领域/业务知识两个领域的知识。这种语言表达的方式，实际上削弱了关于三个领域之间紧密联系的表述，且语句相对碎片化，阅读者需要通过一定的信息加工，才能够理解其含义。而相比之下，图像的表达则十分直观，非常全面地传达了必要信息。

图 4-10 可视化图像展示实例

信息科学的不断进步，推动着教育智慧化的进程。伴随着学习需求的日渐多元化、个性化，如何构建以用户为中心的教育信息可视化系统，创建更加高效的在线教育环境，构建教育平台与用户之间的桥梁，是当前信息可视化的重要研究方向。

五　展望

积极应对智能教育管理时代的挑战

随着人工智能技术在教育管理领域的应用，教育管理逐步走向了智能化，采用人工智能的技术手段部分代替了教育管理过程中一些烦琐重复的工作，从而更好地协助教师教学，促进学生各个方面能力的提升。

智能图像技术的研究涉及语音识别、图像识别、自然语言处理、专家系统、机器人等多个方面，也涉及计算机科学、语言学、心理学等多门学科，本质在于使用计算机对人类的思维过程进行模仿，是一门极具挑战性的学科。在人工智能的发展浪潮中，包括美国、英国、日本和法国在内的许多国家都竞相出台了相应的发展战略，以抢占先机。而正是这股人工智能的浪潮，对诸多领域都产生了深远的影响，也改变了教育过程中教育者与受教育者之间的关系，对教育系统的变革、教育技术的发展以及教学方法的改进带来了重大机遇与挑战。

伴随人工智能技术的进步，我国许多学校开始建设"智慧型校园"，应用大数据、图像处理、虚拟现实、语音识别等热门的人工智能技术，使得学习活动的形式得以突破传统的时空结构。通过对校园基础建设、教学内容、教学资源等进行数字化的改造，"智慧型校园"能够给学生提供更好的学习条件，给教师提供更好的教学环境，实现教育环境的全面提升。同时，与较为封闭的传统校园相比，"智慧型校园"实现了教学环境的重构，学生在任何时间或者地点，都能够通过学习平台进行学习活动，有助于家庭、学校、社会协同发展，提高学校教育管理水平。

在带来机遇的同时，人工智能技术的快速发展也给教育领域带来了巨大的挑战。对于学生而言，与传统学习相比，在信息爆炸的人工智能时代，信息的获取变得更加便捷，因此也要求学生有更强的判断力和信息处理能力，包括基本的认知能力以及自主管理能力等。对于教师而言，应当转变传统教育中的主导者角色，成为帮助学生构建知识体系的教学活动组织者，注重学生自主学习能力的激发，在教学过程中充分地调动学生的学习积极性。同时，教师不仅需要掌握学科知识，也应当重视专业发展的实践性，以适应数字化时代课程教学的需求。人工智能技术的发展带来的教学方式变化，也给教育管理带来了一定的压力。在智慧教育的时代，学生的学习活动应当处于核心地位。通过人工智能技术，能够生成更具有针对性的个性化学习方案，给予学生自主选择学习内容、安排学习进程、选择学习方式等的权利。

随着人工智能技术的应用领域日渐广泛，其重要性日渐突出，人工智能人才的竞争更是日益激烈。教育，作为人才开发、劳动力培养过程中至关重要的一个环节，既需要充分把握人工智能带来的机遇，也应当为推动人工智能发展贡献力量。在此过程中，不论是学校、教师还是学生都将会面临教育改革所带来的挑战与问题，而应对挑战、解决问题，实现技术与教育融合发展的共赢局面，需要学校、教师、学生、家长等教育生态系统中每一个角色的共同努力。

现代教育期待智能图像处理技术的发展

在智能教育的发展过程中，信息化基础设施的建设是至关重要的一个环节。在完成信息化基础建设的条件下，学校能够利用视频监控领域的相关技术，如人脸识别、目标跟踪等，实现对课堂上教师与学生行为的分析，达到提升课堂质量的目的，打造现代智能课堂。同时，学校可以利用网络传输相关技术，进行在线网络教学，打造在线课堂。

人工智能技术促进了智能课堂的发展与普及，有助于教育教学实现"因材施教"。利用大数据分析、信息跟踪等技术，我们能够在日常课堂上对学生的学习行为、学习习惯、课堂表现进行追踪、统计与分析，向老师、学校以及家长及时地提供各个学生相应的学习状态报告；同时，结合每个学生提交的作业及日常测验的情况、日常学习习惯的记录，分析获得每个学生的知识与能力图谱，从而有针对性地向学生提供相应的学习方案。通过向学生推送薄弱知识点相关题目等方式，能够帮助学生更好、更全面地掌握知识，有效降低学习的盲目性与重复性。

人工智能技术促进了在线课堂等教育形式的发展，实时网络传输和网络适应技术帮助我们实现了高质量的在线课堂教学。目前，在线课堂的主要形式包括网络在线教育与课堂上的音视频互动等，可以实现在线的教学、管理、教研、会议、评课等多项应用。通过在线教育的形式，使得不同地域的学生能够获取和充分利用不同地区、不同学校所提供的教育资源，尤其是对于偏远薄弱地区而言，能够极大地提升教育质量，促进不同地区之间、城乡之间教育的均衡发展。

综上所述，智能图像处理技术在教育领域的应用十分广泛。图像本身所具有的蕴含知识丰富、表达形象直观、能够准确表现抽象知识的特点，使得学生更倾向于看图、识图、解图，教师在准备教学资料时也更乐于采用图像来代替部分文字论述。同时，结合基本的图像处理技术等人工智能技术，智能课堂、在线课堂得以实现，推动了教育的普及以及教学质量的提升。

参考文献

白晓玮，2015. 实施多媒体教学提高教育教学质量 [J]. 未来英才 (15)：139.

蔡苏，张晗，2017. VR/AR 教育应用案例及发展趋势 [J]. 数字教育 (3)：1-10.

陈慧岩，熊光明，龚建伟，2018. 无人驾驶车辆理论与设计 [M]. 北京：北京理工大学出版社 .

褚宏启，2013. 教育现代化的本质与评价：我们需要什么样的教育现代化 [J]. 教育研究 (11)：4-10.

戴振泽，施艳，郑少伟，等，2018. 智能课堂监控与分析系统 [J]. 软件工程，21(6)：32-35.

邓玉林，2007. 生物医学工程学 [M]. 北京：科学出版社 .

董秀珍，2004. 生物医学工程学导论：Ⅰ [M]. 西安：第四军医大学出版社 .

杜松楠，2020. 高中语文在线课堂实施策略探究 [J]. 文存阅刊 (002)：84-85.

龚旗煌，2020. 提升高校在线教学质量的方法与路径 [J]. 中国高等教育 (7)：4-6.

顾明远，2019. 立足教育本质看"人工智能＋教育" [J]. 中小学数字化教学 (9)：1.

何国军，2018. VR/AR 数字教育出版平台的构建环境和路径 [J]. 中国编辑 (1)：35-38.

黄济，郭齐家，2003. 中国教育传统与教育现代化基本问题研究 [M]. 北京：北京师范大学出版社 .

黄剑，2013. 读图时代的新闻写作思考 [J]. 媒体时代 (10)：54-56.

黄婉萍，2005. 开展多媒体教学　推动教育创新 [J]. 卫生职业教育 (13)：63-65.

李子印，孙志海，2016. 序列图像中的目标分析技术 [M]. 北京：电子工业出版社 .

刘畅，2020. 26 年现代远程教育体系构建与高校在线教育发展：基于新冠肺炎疫情推动下高校在线教学行动的观察与思考 [J]. 高等农业教育 (4)：66-72.

刘国成，2019. 人群异常行为数字图像处理与分析 [M]. 成都：西南交通大学出版社 .

刘凯，胡祥恩，王培，2018. 机器也需教育？：论通用人工智能与教育学的革新 [J]. 开放教育研究，24(1)：10-15.

刘思宇，2016. 浅谈对互联网 + 教育的思考：以大规模在线课堂为例 [J]. 市场周刊（理论研究）(1)：127-128，106.

刘小卉，2021. 新一代视频编码标准 VVC/H. 266 及其编码体系发展历程 [J]. 现代电视技术：136-139.

刘中合，王瑞雪，王锋德，等，2005. 数字图像处理技术现状与展望 [J]. 计算机时代 (9)：6-8.

聂晓微，2020. 正视在线教育的趋势与变革探索高校在线教学发展方向：以沈阳城市学院为例 [J]. 教育研究，3(6)：208-209.

彭菲菲，2017. 关于卫星图像处理方法及在地图制图中的应用分析 [J]. 城市地理 (06)：194.

乔梁，涂光忠，2009. NMR 核磁共振 [M]. 北京：化学工业出版社 .

孙昊，2021. 基于深度网络的遥感图像分类研究 [D]. 西安：中国科学院大学（中国科学院西安光学精密机械研究所）.

谭普阳，周雅翠，2018. 基于 OCR 技术的大学生搜题软件的开发 [J]. 神州（上旬刊）(1)：212.

佟胜伟，岳俊华，刘桂国，等，2019. 利用 VR 技术实现教育可视化 [J]. 商情 (37)：192.

王琳，王志军，周晓新，2009. 对多媒体教学与教育革新的探讨 [J]. 福建电脑，25(2)：161，196.

王淑清，王玉芬，2018. 浅谈小学课堂教学监控能力提升策略 [J]. 学周刊 (6)：134-135.

杨蜀泰，2011. 农作物籽粒的图像处理和识别方法研究 [D]. 咸阳：西北农业科技大学.

张德丰，2015. 数字图像处理：MATLAB 版 [M]. 2 版. 北京：人民邮电出版社.

张弘，2013. 数字图像处理与分析 [M]. 2 版. 北京：机械工业出版社.

张向葵，吴晓义，2004. 课堂教学监控 [M]. 北京：人民教育出版社.

曾锐，2003. 教育信息管理系统的可视化研究 [D]. 南京：南京师范大学.

钟忺，2017. 视频图像语义分析及检索方法 [M]. 北京：科学出版社.

周翔平，2008. 医学影像学 [M]. 北京：高等教育出版社.

CAMPS-VALLS G, TUIA D, GOMEZ-CHOVA L, et al., 2011. Remote Sensing Image Processing[M]. CA: Morgan & Claypool Publishers.

CHEN D, YUAN L, LIAO J, et al., 2008.Stereoscopic Neural Style Transfer [EB/OL][2021-01-05]. http://ieeexplore. ieee.org/document/8578794.

GOU Y C, WU Q C, LI M H, et al., 2020. SegAttnGAN: Text to Image Generation with Segmentation Attention [C]//2020 IEEE/CVF Conference on Computer Vision and Pattern Recognition. Settle: IEEE.

TIAN C W, FEI L K, ZHENG W X, et al., 2020. Deep Learning on Image Denoising: An Overview [J]. Neural Networks, 131:251−275.

YANG H, ZHANG R, GUO X, et al., 2020.Towards Photo−Realistic Virtual Try− On by Adaptively Generating ↔ Preserving Image Content [EB/OL]. [2021−01−05]. http://ieeexplore. ieee. org/document/9156594.

ZHAO H S, SHI J P, QI X J, et al., 2017. Pyramid Scene Parsing Network [EB/OL]. [2021−01−05]. http://ieeexplore. ieee. org/document/8100143.